温室番茄生长发育对水氮互作的响应及高效灌溉施肥模式

李欢欢　刘　浩　孙景生　龚雪文　著

U0235906

黄河水利出版社
·郑 州·

图书在版编目（CIP）数据

温室番茄生长发育对水氮互作的响应及高效灌溉施肥模式/
李欢欢等著 . —郑州：黄河水利出版社，2023.8
ISBN 978-7-5509-3687-4

Ⅰ.①温… Ⅱ.①李… Ⅲ.①番茄-温室栽培-土壤氮素-
肥水管理-研究 Ⅳ.①S626.5

中国国家版本馆 CIP 数据核字（2023）第157050号

审　　稿　　席红兵　13592608739

责任编辑　景泽龙　　　　　　责任校对　冯俊娜
封面设计　张心怡　　　　　　责任监制　常红昕
出版发行　黄河水利出版社
　　　　　地址：河南省郑州市顺河路49号　　邮政编码：450003
　　　　　网址：www.yrcp.com　　E-mail:hhslcbs@ 126.com
　　　　　发行部电话：0371-66020550
承印单位　河南新华印刷集团有限公司
开　　本　787 mm×1 092 mm　1/16
印　　张　9.25
字　　数　220 千字
版次印次　2023 年 8 月第 1 版　　2023 年 8 月第 1 次印刷

定　　价　63.00 元

前　言

　　近年来,我国以日光温室为主体的设施农业凭借节水高产、高效节能的优势得到迅速发展,在社会经济生活中的地位也越来越重要。日光温室不仅具有抗灾害的能力,而且可以提高农作物的产量及土地的利用率和产出率,对农业增产和农民增收都具有十分显著的推动作用。水肥气热是影响温室作物生长发育和生产力水平的重要物质基础,其中灌溉被认为是影响作物吸收水分和养分的关键因素之一,特别是对于没有自然降雨的温室番茄来说更重要,除灌溉外,氮肥是温室番茄获得高产、优质和高效生产的另一重要因素,由于番茄作物生物学产量高、生长发育快、喜水喜肥,加之番茄生长期长,不同生长期对水肥的需求也各不相同,要根据番茄的需水需肥特点进行合理的灌溉施肥,所以日光温室番茄生产中对水肥管理要求较高。

　　长期以来,温室番茄生产中的水肥管理一直沿用"肥大水勤,不用问人"的传统经验管理模式,不但对作物生长发育不利,还造成温室内湿度加大、作物易落花落果、土壤养分淋失,产量不高、品质及水肥利用效率不高、地下水污染、土壤质量退化及病虫害频发等问题,从而影响设施农业的绿色可持续发展。随着设施生产水平和人们生活水平的提高,控水控肥绿色优质高效的生产理念已成为人们重点关注的话题,生产者的观念也由传统的丰水丰产型向节水减肥绿色优质高效型转变,不断改善温室番茄产品营养性、安全性、绿色性、高效性和健康性的内在品质。而灌溉水的供给量、供给方式、供给时期以及生长过程中出现的水分亏缺程度和土壤水分波动太大都会影响番茄的生长及产量和品质的形成;氮肥的基施量、追施量、追施方式及追施时期均会对番茄产量和品质形成产生重要的影响,合理的灌溉施氮对温室番茄各穗层果实生长都至关重要,灌溉施氮控制指标既要量化,又要有严密的科学依据,且便于准确地观测和实施。在未来农业用水需求不断增加,而农业供水刚性约束不断加剧和设施土壤环境日益恶化的形势下,要突破设施农业水资源制约,减少生产中肥料的投入,实现设施农业生产绿色可持续发展,必须依靠各种农业生产技术的应用。如通过人为调控灌溉水和氮肥的施用量和施用方式,使番茄遭受一定程度的胁迫,在不影响产量或产量降低最小化的前提下促进植株提早开花结果,提高坐果率、促进果实膨大和改善果实品质,推动温室番茄用水用肥管理向节水减肥提质稳产增效方向发展,而水肥一体化是将施肥与滴灌结合在一起的一项农业新技术,通过滴灌灌水器输送水分和肥料到作物根区,减小水分和肥料损失,在提高作物产量和品质的同时,大幅度提高作物水肥利用效率。因此,开展水肥一体化条件下温室番茄耕作层土壤环境因子、植株根系生长、植株地上生长发育、耗水规律、各穗层果实产量和品质形成的影响研究,以稳产、优质和高效为目标,提出温室番茄控水控肥稳产提质高效的灌溉施肥技术模式,这对提高温室作物水肥气热条件的管理与利用水平,促进温室作物绿色可持续发展、调整农业产业结构、提高农民收入和改善人们生活都具有重要的理论价值和实践意义。

　　本书紧紧围绕温室番茄控水控肥稳产提质与高效用水用肥的重大农业技术需求,开展了水氮互作条件下温室番茄生长发育、耗水规律、控水控肥稳产提质机制及优质稳产高效灌溉施氮技术模式等方面的研究工作,分析了水氮互作对温室番茄耕作层土壤环境因子、植株生长发育及各穗层果实产量和品质形成的影响,明确了水氮互作下土壤理化性质的变化是土壤细菌、真菌菌群相对丰度和微生物结构在不同处理中产生差异的主要原因,提出了基于根系生长的适宜灌水施氮量,揭示了水氮互作对温室番茄耗水量、各穗层果实产量构成和水氮利用效率的调控效应,探明了水氮互作对番茄各穗层果实品质形成的调控机制,提出了适宜温室番茄综合品质的评价方法,并研究给出了可用于番茄综合品质评价的简化指标——可溶性固形物,以番茄产量、生物量、水分利用效率、氮肥偏生产力和可溶性固形物作为原始评价指标体系,运用近似理想解(TOPSIS)法、灰色关联分析(GRA)法和主成分分析(PCA)法对温室番茄不同水氮处理的评价指标进行综合评价,统筹考虑不同水氮处理下土壤微生物多样性和土壤酶活性,综合分析确定了温室番茄节水优质高效环保的灌溉施氮管理模式。

本书内容系统,结构完整,主要强调温室番茄控水控肥调质稳产增效的协调统一,注重理论与实践的紧密结合,可为北方温室番茄栽培科学用水用肥管理提供重要的理论依据和技术支撑,可供黄淮海地区设施蔬菜基层管理部门、相关专业技术人员和规模化种植企业人员阅读,亦可作为农业水土工程、设施园艺栽培及其他相近学科的使用参考书。本书由中国农业科学院农田灌溉研究所李欢欢博士、刘浩研究员、孙景生研究员、强小嫚副研究员、宋妮副研究员、李彩霞副研究员、宁慧峰副研究员和华北水利水电大学龚雪文副教授撰写,全书由李欢欢博士和刘浩研究员统稿。各章节主要撰写分工如下:第1章由李欢欢、刘浩撰写;第2章由李欢欢、孙景生、强小嫚撰写;第3章由孙景生、强小嫚和宋妮撰写;第4章由刘浩、龚雪文和宁慧峰撰写;第5章由李欢欢、刘浩和宁慧峰撰写;第6章由刘浩、李欢欢和李彩霞撰写;第7章由龚雪文、强小嫚和宋妮撰写;第8章由李欢欢和刘浩撰写。

感谢国家自然科学基金项目(52279052、51779259)和中央级公益性科研院所基本科研业务费专项(FIRI2022-15、IFI2023-11、IFI2023-15)给予本书的研究资助;感谢农业农村部作物需水与调控重点实验室、中国农业科学院新乡综合试验基地等单位提供了研究平台。本书在撰写过程中得到许多同志的大力支持和帮助,他们或是对书稿的撰写提纲提出了建设性意见,或是对书稿进行了仔细的审查修改等。作者深知,没有这些支持和帮助,书稿是不可能顺利完成的,在此一并表示衷心的感谢。

由于作者水平和研究时间有限,只涉及了温室番茄,未能全面涵盖其他设施蔬菜以及其他灌溉控制技术措施和方式,也难免出现疏忽错误和不足之处,恳请读者批评指正。

作　者

2023年6月

目　录

第 1 章 绪 论

1.1 研究背景和意义

我国水资源总量匮乏,人均占有量较低,再加上水资源分布不均,水土资源匹配不合理,用水紧张问题较为突出,水资源短缺已成为制约我国经济和社会发展的主要因素之一。农业是我国第一用水大户,2022 年,我国用水总量为 5 998.2 亿 m^3,其中农业用水总量为 3 781.3 亿 m^3,占我国总用水量的 63.0%(《中国水资源公报 2022》)。随着我国经济的发展,工业用水和城市用水量逐渐提升,农业用水总量逐渐下降(Bogale et al.,2016)。因此,未来农业用水将面临严峻的挑战。化肥作为粮食增产的关键保障,对农业生产做出了巨大贡献,我国化肥年生产和消耗量已超过 6 000 万 t,占全球 1/3 多(申建波 等,2021),由于氮素的增产作用比其他矿物质元素更显著(姜慧敏,2012),且成本较低,因此被大量施用。氮肥的大量施用引起土壤中硝态氮大量累积、氮肥利用率低下、土壤质量退化和温室气体排放增加(张宇亭,2017;Lv et al.,2019;Yao et al.,2019;曹兵 等,2021;Hu et al.,2021)等一系列问题,目前已成为制约设施果蔬可持续发展的瓶颈。

随着科学技术的进步和人民生活水平的提高,以设施果蔬为主的设施农业在新型农业生产体系中的地位不断提高,在社会经济生活中的地位也越来越重要,对农业增产和农民增收都具有十分显著的推动作用。设施番茄是世界上最受欢迎的果蔬之一(Du et al.,2017;LU et al.,2019),因富含番茄红素、酚类、类胡萝卜素和维生素 C 等可以预防癌症的抗氧化物质(Favati et al.,2009;Liu et al.,2019;Toor et al.,2006)而备受消费者青睐。截至 2019 年,全球番茄的种植面积为 $6.12×10^6$ hm^2,生产总量为 $2.44×10^8$ t,其中我国番茄种植面积为 $1.09×10^6$ hm^2,生产总量为 $6.29×10^7$ t,分别占世界番茄种植面积和生产总量的 17.81% 和 25.78%。我国是世界上番茄消费量最大的国家,番茄消耗总量已趋于饱和(FAO,2019),随着人民生活水平的提高,消费者对果蔬品质的要求日益提高(Chen et al.,2013)。番茄以鲜果或加工品(如番茄汁、番茄酱等)被消费者大量食用(Kuscu et al.,2014),其产量和品质不仅受自身基因调控,还受环境因素调控(Dumas et al.,2003;Gautier et al.,2008;Kuscu et al.,2014),环境因素主要包括土壤水分、养分、气候、水质和农艺管理等措施,其中灌溉和施氮是影响番茄产量和品质以及土壤环境的重要因素。

灌溉被认为是影响作物吸收水分和养分的关键因素之一,特别是对于没有自然降雨的温室作物来说更重要,但过量灌溉会导致土壤缺氧、深层渗漏、地下水污染、品质下降(Liu et al.,2019;Zotarelli et al.,2009)、土壤微生物多样性和酶活性降低(任华中,2003;徐国伟 等,2012)等问题。过度亏缺灌溉的直观表现是植株叶片数、株高和叶面积减小(Rostamza et al.,2011),进而影响作物生理过程、土壤养分矿化过程以及作物对养分的吸收等,最终阻碍作物生长和产量的形成(Wang et al.,2010;Wang et al.,2012a,2012b),但可提高品质和水分利用效率(Mitchell et al.,1991;Marouelli et al.,2007;Patane et al.,2011a)。除灌溉以外,氮肥也是番茄获得高效、高产和优质生产的另一重要因素。番茄最佳施氮量因试验目标和环境因素的不同而不同(Badr et al.,2016;Du et al.,2017;Wang et al.,2015),在干旱胁迫下改善植株养分状况可提高植株的抗旱性(Waraich et al.,2011),增施氮肥可提高水分利用效率和土壤脲酶活性,降低干旱胁迫对作物生长的负面影响(Sheshbahreh et al.,2019;Rostamza et al.,2011),但过量增施氮肥会造成大量硝态氮淋失、地下水污染、品质下降和氮肥利用率降低等问题(Ju et al.,2009;Song et al.,2009;Sun et al.,2013;Zhang et al.,2011;陈新平 等,2000;甄兰,2002)。成熟的番茄果实中水分重量占总重量的95%左右,果实的水分和养分状况也是影响番茄产量和品质的重要因素之一,因此合理的灌溉施氮不仅可以保证产量,还可改善果实品质和土壤环境,并提高水氮利用效率。

2015 年初,农业部提出要实现"一控两减三基本",其中"一控两减"就是要控制农业用水总量、减少化肥和农药的施用量;2020 年 9 月 11 日,习近平总书记提出"四个面向",其中的面向人民健康,就是坚持科技以人为本,精心护佑人民身体健康,不断提升人民生活品质,满足人民日益增长的美好生活需要,实现人民幸福。在未来农业用水需求不断增加,而农业供水刚性约束不断加剧和设施土壤环境日益恶化的形势下,要突破设施农业水资源制约,减少生产中肥料的投入,实现设施农业生产优质、高效、稳产的可持续发展,必须依靠科技进步实现创新驱动。

因此,本书立足于设施农业产业发展需求,深入探讨是否可以通过降低设施生产中的两大投入(水和肥)而不降低品质,并同步实现生态环保、水肥高效利用和产量降低最小化。通过探索水氮互作对温室番茄生长发育和土壤环境的影响及其生理学调控机制在稳产提质中的作用,阐明节水减氮是否有益于土壤环境,明确水氮互作对番茄产量、水氮利用效率的影响机制,揭示水氮互作对番茄品质形成的调控机制,提出适合温室番茄综合品质评价的方法,确定温室滴灌番茄最优的灌溉施氮模式。该研究可为温室番茄需水需肥调控技术及水肥一体化智能灌溉系统的研发和实施提供一定的理论依据和技术支撑,对设施生态环境的保护,实现以水养肥、以肥调水,充分、高效地利用水肥资源具有重要意义。

1.2　国内外研究动态

1.2.1　水氮对番茄植株生长发育的影响

水是绿色植物进行光合作用最主要的原料,同时也是原生质的主要成分,可直接参与植物体内的代谢过程,如光合作用和呼吸作用等;而氮不仅是蛋白质、核酸、磷脂和某些植物激素的构成成分,还是许多辅酶和辅基(如 NAD+、NADP+等)结构的成分,因此水和氮在植物生命活动中占有至关重要的地位。

灌溉是影响设施作物水分和养分吸收的一个重要因素,过量灌溉会导致土壤缺氧、深层渗漏、地下水污染和养分淋失等(刘玉梅 等,2006;Cabello et al.,2009),而亏缺灌溉会对植物水势、细胞膨大、组织生长、叶片光合作用、蒸腾速率及光合同化物的运输和分配等生理作用产生影响,从而引起植株形态(如株高、茎粗、叶面积和生物量等)的变化。水分亏缺产生的胁迫显著降低了番茄植株茎粗、水势、气孔导度和叶片蒸腾速率,造成叶片气孔关闭,降低叶片光合速率(姚磊 等,1997;Patane,2011b)。有研究表明亏缺灌溉降低了番茄植株叶片水势,但对植株生物量、果实干重及结果数量无显著影响(Mitchell et al.,1991),也有研究者认为亏缺灌溉不仅降低了番茄植株叶片水势,还显著降低了植株干重、叶面积、结果数量、平均单果重和光合速率等(Campos et al.,2009;Puiupol et al.,1996;Rybak,2009)。Wu 等(2021)研究表明,地上生物量、叶面积指数和株高均随灌水量的增加而增加;Wang 等(2017)通过研究不同灌溉处理对盆栽番茄生长发育的影响,发现与适宜灌溉(灌水上限为80%田间持水率)处理比较,亏缺灌溉(灌水上限为40%田间持水率)处理的株高、茎粗和单株叶面积分别下降了 30.43%、20.00% 和 32.10%;Veit-Kohler 等(1999)利用盆栽试验研究适宜灌溉(当土水势达到−0.045 MPa 时开始灌溉,灌水上限为70%田间持水率)和亏缺灌溉(当土水势达到−0.065 MPa 时开始灌溉,灌溉上限为50%田间持水率)对番茄生长发育和果实品质的影响,结果表明亏缺灌溉显著降低了番茄坐果率,但对番茄营养生长和平均单果重影响不明显。

营养物质是影响作物生长的另一个重要因素,而氮是所有作物生产系统中最重要的营养物质之一(Rostamza et al.,2011)。当氮肥供应充分时,植物叶片大而鲜绿,叶片功能期延长,分枝多,营养体壮健(Lambers et al.,2008),在干旱胁迫下适当增施氮肥不仅可以提高植株的抗旱性(Waraich et al.,2011),还可增加植株的叶面积(李欢欢 等,2019)、提高叶片叶绿素含量(Campos et al.,2009;王激清 等,2015)以及提高生物量累积量(Zotarelli et al.,2009),且对植物叶片光合作用过程有积极作用(Du et al.,2017;Zhang et al.,2017)。Badr 等(2016)通过观测不同施氮量对番茄生长发育的影响发现,与施氮量为 120 kg/hm² 的处理比较,施氮量为 300 kg/hm² 处理的总生物量、结果数量和单果重分别提高了 72.51%、25.61% 和 30.61%。因此,生产上常通过施用氮肥来加速植株生长。但过量施氮,植株叶色深绿,营养体徒长,细胞质丰富而壁薄,易受病虫害侵害,易倒伏,抗逆能力差,成熟期延迟(Lambers et al.,2008);在水分亏缺状态下过量施氮会降低番茄叶面积、株高和茎粗(李欢欢 等,2019),在适当灌溉条件下过量施氮同样会降低结果数量和收获指数。许多研究表明,与正常施氮量处理比较,过量施氮处理番茄结果数量和收获指数降低。另外,过多的氮肥投入容易使植株遭受渗透胁迫,抑制作物生长(吴立峰等,2015)。氮供应不足时,则植株矮小,叶小色淡(叶绿素含量少)或发红(氮少,用于形成氨基酸的糖类也少,余下较多的糖类形成较多的花色素苷,故呈红色),分枝少,花少,籽粒不饱满(Lambers et al.,2008)。

国内外学者在研究水、氮对番茄植株生长生理指标影响的同时,还研究了水氮交互作用对番茄生长生理指标的影响(Zotarelli et al.,2009;Zhang et al.,2014;Du et al.,2017;Wang et al.,2017)。Han 等(2015)研究了不同水氮供应对番茄株高、单株节数等的影响,结果表明植株处于最佳灌溉水平时,其株高较低干旱或高干旱的增加了约30%;在最佳灌溉水平下,最佳施氮量的株高显著大于高施氮量的株高,但与低施氮量的株高相似,其单株节数与株高的变化规律相似,但过量施氮显著减少了单株节数。任华中(2003)研究了水氮互作对番茄株高、茎粗、单株叶片数等生长指标的影响,结果表明番茄各指标在不同处理间无显著性差异,而张燕等(2017)研究表明番茄茎粗、干物质在中水、中肥处理时最大,在低水、低肥时最小。李建明(2014)研究结果表明,当灌水上限一定时,光合速率随施肥量的增加呈现先缓慢下降后上升的变化趋势,而当施肥量一定时,番茄叶片光合速率随灌溉上限的增大呈先增大后减小的趋势,且变化趋势很明显,即光合速率受施肥量和灌水量的交互影响,进而影响作物的生物量。以上表明,关于水氮供应对番茄生长生理指标的影响仍存在一定的分歧,且水氮引起植株生长生理指标的变化对番茄品质形成的影响少见报道。因此,在设施农业中有必要继续研究不同水氮供应对番茄生长生理指标的影响,进而揭示植株生长生理变化对果实品质形成的影响机制。

1.2.2 水氮对番茄耕作层土壤环境的影响

土壤是陆地生态系统中物质循环、能量转换和信息传递的核心区域,与地上植物生态系统相互依存、紧密关联,共同维持陆地生态系统的特征、过程和功能的稳定性(张宇亭,2017)。因此,良好的土壤环境对植物生长发育、产量提高和品质改善等具有明显的效果。而土壤基础理化性质、土壤酶活性和土壤微生物是生态系统的主要组成部分,也是衡量土壤质量和土壤肥力的重要手段之一。灌溉和施肥是作物生长发育的基本条件,因此不同灌溉和施氮水平对土壤养分、土壤酶活性和土壤微生物势必会产生一定的影响。

番茄生长期 0~20 cm 土层的土壤碱解氮、速效磷和速效钾含量分别占 0~100 cm 土层的 48.02%~52.35%、66.93%~68.52% 和 41.88%~46.38%(郭全忠,2013),因此耕作层土壤养分是影响作物生长、产量和品质形成的关键因素,其主要包括土壤硝态氮、铵态氮、速效钾、速效磷、碱解氮、有机质、全氮、全磷和全钾含量等。灌溉和施氮对土壤耕作层养分产生了直接的影响,减小灌溉量会提高番茄耕作层土壤碱解氮、速效磷和速效钾的含量(郭全忠,2013)。在干旱条件下,施氮是影响土壤硝态氮含量最直接的因素,当氮肥施用量超过作物生长最佳或产量最高的需肥量时,土壤中硝态氮大量累积,施氮量越高,土壤中硝态氮含量越高(党廷辉 等,2003;李世清 等,2004)。另有研究表明,与正常施氮处理比较,过量施氮使硝态氮在活性根区以下大量累积,进而引起养分淋失(Yang et al.,2006;Wang et al.,2012),导致农业生产成本提高,并引发一系列环境(温室气体的排放和地下水硝态氮浓度增加)问题(Delang,2017)。氮肥的增施可显著改变土壤的累积矿化量,降低土壤 pH,抑制有机质分解,进而改变土壤的碳氮比及土壤微生物的生长繁殖,最终抑制土壤氮素的矿化(Curtin et al.,1998;Khalil et al.,2007)。长期施用氮肥可不同程度地提高土壤有机质、全氮、碱解氮、硝态氮含量,并可显著提高土壤的氮素库(Jagadamma et al.,2007;李文祥,2007;于占源 等,2007),但过量施氮会造成大量硝态氮淋失、地下水污染和氮肥利用率下降等问题(Ju et al.,2009;Song et al.,2009;Zhang et al.,2011)。由此可见,适量灌溉和施氮可改善土壤理化性质和生物学性质,进而促进植株生长及产量和品质的形成。

土壤酶主要来源于土壤微生物,少部分来源于土壤生物残体的分解释放和植物根系的分泌物(Ajwa et al.,1999)。土壤酶参与土壤有机质的分解与腐殖质形成、养分转化与循环过程,如有机物的水解与转化和一些无机化合物的氧化还原反应(吕卫光 等,2005;

Yao et al.,2006)。土壤脲酶、蔗糖酶和磷酸酶活性可作为评价土壤肥力的重要指标,其活性高低与栽培措施和管理措施密切相关,是土壤质量的重要指标,被广泛用于评价土壤营养物质的循环转化状况及各种农业措施和肥料的施用效果(张俊丽 等,2012)。土壤脲酶能够高度专一催化尿素分解生成植物氮素营养主要来源的铵态氮(张俊丽 等,2012);土壤蔗糖酶能够水解蔗糖生成葡萄糖和果糖,改善土壤碳素状况,可作为土壤熟化程度和土壤肥力的指标(王志明 等,2003);土壤磷酸酶是催化土壤中有机磷化合物矿化的水解酶,其活性高低直接影响着土壤中有机磷的分解转化及其生物有效性(杨万勤 等,2002)。大量研究表明增施氮肥可以提高土壤脲酶活性和碱性磷酸酶活性(徐国伟 等,2012;张宇亭,2017);奚雅静等(2019)研究发现,番茄在定植期至采收盛期,土壤脲酶活性随施氮量增大而显著增大,而在采收末期过量施氮反而抑制了土壤脲酶活性;有研究表明,在施氮量相同时,减少灌溉量可提高土壤脲酶和碱性磷酸酶活性,在灌溉量相同时,过量施氮可抑制土壤脲酶、蔗糖酶和碱性磷酸酶活性(任华中,2003);也有研究表明,灌溉可提高土壤脲酶活性(徐国伟 等,2012),但过量灌溉会降低土壤脲酶和磷酸酶活性(冯在麒,2017);肖新等(2013)研究发现,180 kg/hm² 的施氮量可使稻基农田获得最优的土壤生物环境;而研究水氮对贝加尔针茅草原土壤酶活性的影响表明,施氮量为 100 kg/hm² 时,土壤脲酶活性最高(王杰 等,2014)。以上研究对象虽有番茄,但是没有得出番茄土壤生物环境最优的水氮模式,因此有必要进一步研究不同水氮供应对土壤脲酶、蔗糖酶和磷酸酶活性的影响机制。

土壤中有着数量巨大、种类繁多的微生物种群,在生态系统中,土壤微生物起到了分解有机质、调整土壤结构、维持生态系统养分循环的作用(李一凡,2019)。1 g 干土中含有数百万细菌、几十万真菌(刘兴 等,2015),因此细菌和真菌是土壤微生物的主要组成部分。土壤细菌为单细胞,不具备完整细胞核,是土壤中分布最广泛、数量最多的一类生物体(Gans et al.,2005);土壤真菌是真核微生物类群,分布很广,具有丰富的酶系统,能够分解较为复杂的有机物(刘钊,2017)。土壤细菌较为敏感,环境因子的微小变化都会引起细菌多样性和数量的变化(杜玮超,2012)。水氮是影响作物生长的两大环境因子,研究表明土壤含水率与土壤微生物活性呈正相关关系(王龙昌 等,1998),过量灌溉会降低土壤微生物总量;适当增施氮肥可显著提高土壤中细菌数量和微生物总量,过量施氮反而会抑制细菌数量和土壤微生物总量,而真菌与土壤水氮供应缺乏规律性联系(任华中,2003)。施入氮肥会提高土壤 pH(Fierer et al.,2012;张宇亭,2017),而土壤 pH 对土壤微生物多样性有强烈的影响,大量研究表明土壤细菌多样性与土壤 pH 具有良好的相关性(Baath et al.,2003;Lauber et al.,2009)。不同水氮供应对土壤微生物的影响研究仍存在一定的分歧,且有关水氮供应对温室番茄土壤微生物影响的研究还比较缺乏。

土壤微生物可以调控土壤酶产物和养分可利用性(叶德练 等,2016),而土壤酶活性是土壤微生物活性和土壤理化性质的感应器(Baum et al.,2003),既是评估土壤微生物活性和土壤肥力的重要参数,也是表征土壤养分循环和能量转化活跃程度的参数(Benitez et al.,2000;Jimenez et al.,2002)。研究表明,土壤微生物与土壤酶活性较其他土壤因素可更迅速地响应水肥管理(Wang et al.,2009;Yusuf et al.,2009;贾伟 等,2008)。因此,适量的水肥供应可改善土壤物理、化学和生物学性质,进而促进植物生长,使土壤-植被系统向更有利的方向发展,故分析不同水氮供应对温室番茄土壤环境的影响十分必要。

1.2.3 水氮对番茄产量和水氮利用效率的影响

作物产量的形成不仅受自身基因调控,还受环境因素调控(Dumas et al.,2003;Gautier et al.,2008)。水和氮是环境因素中影响番茄产量最主要的因素,且是可人为调控的。Liu 等(2019)研究表明番茄产量随灌水量的增大而增大,水分利用效率随灌水量的增大呈先增大后减小的趋势;Lu 等(2019)研究表明亏缺灌溉降低了番茄产量,但提高了水分利用效率;Chen 等(2013)研究表明在番茄开花坐果期和果实成熟期减少灌水量会降低平均单果重和产量,但提高了水分利用效率。Patane 等(2011a)通过研究两年不同灌溉水平对番茄果实的影响发现,整个生育期灌溉量为 $100\%ET_c$(作物实际需水量)(379.2 mm)处理的两年果实总产量和果实大小的平均值比灌溉量为 $50\% \sim 100\%ET_c$(开花之前为 100% ET_c,之后为 $50\%ET_c$,共计 263.9 mm)处理的分别提高了 4.88% 和 1.82%,其水分利用效率降低了 43.69%,比整个生育期灌溉量为 $50\%ET_c$ 处理的分别提高了 16.35% 和 14.41%,其水分利用效率降低了 58.43%,比不灌溉处理的分别提高了 170.58% 和 77.96%,其水分利用效率降低了 77.89%。

施氮对番茄产量影响的研究很多,在一定范围内产量随施氮量的增大而增大,超过一定范围时产量随施氮量的增大而减小(王激清 等,2015)。然而,已有研究成果确定的最佳施氮量存在较大差异。肖丽等(2019)研究表明施氮量为 240 kg/hm² 时番茄可获得高产,施氮不足或过量施氮均不利于产量的提高甚至产量有下降趋势;一些学者研究得出番茄高产的最佳施氮量为 200~220 kg/hm²(Zotarelli et al.,2009;Hartz et al.,2009);还有一些学者认为,在灌溉制度合理的条件下,番茄高产的施氮量为 134~224 kg/hm²(Erdal et al.,2006;Johannes et al.,2000);Badr 等(2016)研究认为番茄产量最佳的施氮量为 300 kg/hm²。施氮可以提高作物的水分利用效率,提高作物的抗旱能力(Waraich et al.,2011),但也有研究者认为,作物水分利用效率随施氮量的增大呈先增大后减小的变化趋势(Du et al.,2017)。常用来衡量氮肥利用效率的指标有氮肥偏生产力、氮肥农学利用率、氮肥生理利用率、氮肥吸收利用率(彭少兵 等,2002;Nafi et al.,2019),番茄的氮肥偏生产力随施氮量的增大而降低;而氮肥的农学利用率、生理利用率和吸收利用率随施氮量的增大而增大,但施氮量过大不利于其提高,甚至会降低(Zhang et al.,2017;闫炬 等,2009;王激清 等,2015),这种规律与施氮量对水稻氮利用效率的影响一致(彭少兵 等,2002)。

不同水氮组合对番茄产量和水氮利用效率的影响及最优水氮管理模式的研究很多,但大多水氮优化管理模式的确定是以产量、水分利用效率或氮肥利用效率单一因素最优为目标。如 Du 等(2017)研究发现,番茄最优施氮量随试验目标和环境因素而改变,当以获得最优产量和水分利用效率为目标时最佳施氮量为 250 kg/hm²,而当以氮肥利用效率最大为目标时最佳施氮量为 150 kg/hm²;Badr 等(2016)研究表明无论番茄的种植是单行、双行还是密植,以产量和水分利用效率最优为目标时的最佳施氮量均为 300 kg/hm²。以往研究还缺乏综合考虑产量、水分利用效率和氮肥利用效率最优的水氮管理模式,因此应研究使植株营养生长与生殖生长协同发展的精量化灌溉施肥模式,从而保证在一定产量的前提下以较少的耗水量生产出更高质量的果蔬,最终实现节水丰产高效目标的节水减肥新思路。

1.2.4 水氮对番茄果实养分和品质的影响

番茄品质是一个综合概念,是各单项品质指标相互作用的总和,其不仅包括外观(大小、均匀度、形状、色泽)和口感(可溶性糖、有机酸和糖酸比)品质,还包括营养(番茄红素、维生素 C)和存储(果实硬度和含水量)品质(Chittaranjan,2007;Viskelis et al.,2008)。影响品质的主要因素有灌水时间、灌水量、水分亏缺程度、施肥种类和施肥量等(杜太生等,2011)。水是改善作物品质的媒介(康绍忠 等,2007),氮可以促进果蔬开花坐果(Lambers et al.,2008),因此水和氮是番茄果实品质形成的可控重要因素。

水和氮对番茄品质的影响与灌水量和施氮量的多少密切相关。Puiupol 等(1996)在温室中采用叶水势控制灌溉,研究正常灌溉和亏缺灌溉对番茄果实养分、含水量和品质的影响,结果表明,与正常灌溉处理比较,亏缺灌溉处理提高了鲜果中的养分浓度(Ca、Mg 和 K 浓度)和果实的颜色色度及鲜果中蔗糖、葡萄糖和果糖的浓度,但降低了果实含水量和果实的外观品质(果实大小),并提高了脐腐病的发病率;Chen 等(2014)采用沟灌技术,利用田间持水量控制灌溉,对温室番茄不同生育阶段实施不同灌水处理,研究了灌水量对番茄品质的影响,结果表明苗期(移栽至第一穗果实坐果)水分亏缺对番茄果实品质无显著影响,而在开花坐果期(第一穗果实坐果至第一穗果实收获)、果实成熟期(第一穗果实收获至最后一穗果实收获)或开花坐果期和果实成熟期同时实施亏水处理均显著提高了果实可溶性固形物、还原性糖、有机酸、维生素 C 含量及果实硬度和果色指数;Liu 等(2019)研究温室滴灌下不同灌水频率和灌水量对番茄品质的影响发现,与充分灌溉处理比较,亏缺灌溉处理显著降低了果实外观品质(单果重、果实横径和纵径),但显著提高了果实维生素 C、可溶性固形物、可溶性糖、可溶性蛋白、果实硬度和有机酸含量;Kuscu 等(2014)和 Li 等(2017)对大田滴灌下番茄的研究发现,减少灌水量可提高番茄果实中可溶性固形物、维生素 C、有机酸、番茄红素、总的可溶性糖和类胡萝卜素含量,但降低了果实外观品质(大小)和果实中硝酸盐含量;Mitchell 等(1911)对大田滴灌下番茄的研究也发现,亏缺灌溉提高了果实中己糖、柠檬酸、钾和淀粉的浓度,同时降低了果实含水量;Erdal 等(2006)研究发现,大田番茄果实中的氮浓度随灌水量的增大而增大。许多国内外学者对不同环境(大田和温室等)下种植的番茄采用不同控制灌溉方式(水势、蒸发蒸腾量和田间持水量等)和不同灌溉模式(滴灌和沟灌等),采用不同亏缺灌溉方式(减少灌水量、提高灌溉频率)研究了番茄果实养分、含水量和果实品质对不同灌水量的响应,都得到了类似的结果,即减少灌水量降低了番茄果实含水量,但可改善番茄果实品质。以上研究结果来自某一穗或某几穗果实,因此需要进一步研究水分对每穗果实养分、含水量和品质的影响,分析果实养分、含水量和品质在穗层间的变化,揭示灌溉对番茄果实品质的调控机制。

Badr 等(2016)通过研究三种种植模式下不同施氮量对番茄品质的影响发现,三种种植模式下,果实的外观品质(单果重)随施氮量的增大而增大。Erdal 等(2006)研究大田番茄发现,果实氮浓度随施氮量的增大而显著增大,施氮量为 80 kg/hm² 和 160 kg/hm² 处理的果实氮浓度较不施氮处理的分别提高了 4.95% 和 40.59%。Du 等(2017)通过研究日光温室番茄发现,果实外观品质(平均单果重)和有机酸含量均随施氮量的增大而增大,施氮量为250 kg/hm² 和 350 kg/hm² 处理的平均单果重较施氮量为150 kg/hm² 处理的分别显著提高了 5.12% 和 15.81%,有机酸含量分别显著提高了 10.42% 和 16.67%;糖酸比随施氮量增大而显著降低,与施氮量为 150 kg/hm² 的处理比较,施氮量250 kg/hm² 和 350 kg/hm² 处理的糖酸比分别下降了 8.67% 和 23.61%;果实可溶性固形物、维生素 C、可溶性糖和番茄红素含量均随施氮量的增大呈先增大后减小的变化趋势,其中在施氮量为 250 kg/hm² 时达到最大。杨俊刚等(2014)对大棚番茄的研究发现,与不施氮处理比较,施氮量为 300 kg/hm² 处理的果实中的氮和钾浓度及可溶性糖和有机酸含量显著提高。Benard 等(2009)研究不同施氮量对温室番茄品质的影响,结果表明低氮供应提高了果实维生素 C 的含量,但降低了有机酸、钾离子和硝酸根离子的浓度。Kuscu 等(2014)研究发现,在亏缺灌溉下,大田番茄果实外观品质(果实大小)随施氮量的增大呈先增大后减小的变化趋势,在适度亏缺和充分灌溉下,果实大小均随施氮量的增大而增大,可溶性固形物和番茄红素含量在任一灌溉水平下均随施氮量的增大呈先增大后减小的趋势,其中在施氮量为 120 kg/hm² 时最大,有机酸和可溶性糖含量均随施氮量的增大而增大。

灌溉对番茄果实品质的影响研究结果较一致,但施氮对番茄各项品质指标的影响研究结果存在一定的分歧,且水氮特别是氮对番茄果实品质的调控机制较模糊。番茄果实品质指标多而杂,仅考虑某几项难以确定最优的灌溉施氮模式,故需要综合考虑水氮对果实品质的影响程度。近年来很多学者采用各种方法评价了番茄果实综合品质,例如:主成分分析法(Wang et al.,2015;李红峥 等,2016)、灰色关联分析法(Wang et al.,2015)、层次分析法(Wang et al.,2011)以及 TOPSIS 法(Wang et al.,2011;Luo et al.,2018;Liu et al.,2019),这些评价方法均是基于大量单项品质指标,由于测量各品质指标需要耗费大量的人力、物力和财力,且受试验仪器精度影响较大,因此探讨可以简化果实综合品质的指标具有重要意义。

1.2.5 温室番茄优化灌溉施肥制度研究进展

设施果蔬优化灌溉施氮模式的确定是水肥一体化研究领域中的重点之一。传统的管理模式一般是追求经济效益最大化,将果蔬的产量最大或损失最小作为最终目标,因此沿用传统的大水大肥管理模式,但随着人们生活水平的提高,消费者对果蔬类作物(如番茄)的需求已接近饱和(Fao,2019),反而更关注番茄品质(Chen et al.,2014)。因此,传统的只考虑产量的管理模式已满足不了社会的需求,学者开始更加注重可改善番茄果实品质的灌溉施氮模式研究。大部分研究结果表明,减少灌水量和提高施氮量可改善番茄果实品质(Chen et al.,2014;Du et al.,2017;Luo et al.,2018;Liu et al.,2019),但过量施氮会造成大量的硝态氮淋失、地下水污染、番茄果实品质下降、土壤质量退化和氮肥利用率下降等问题(Ju et al.,2009;Song et al.,2009;Sun et al.,2013;Zhang et al.,2011;陈新平 等,2000;甄兰,2002),而减少灌溉量虽可改善品质和提高水分利用效率,但降低了产量和肥料利用率。农业的可持续发展是以高产、优质、高效为目标的,即在满足经济效益的同时,还要满足社会效益和环境效益协同发展,但同时达到多目标最优存在较大的难度。基于此,有必要通过研究综合考虑番茄产量、生物量、品质和水氮利用效率最优,并结合水氮供应对土壤环境的影响,综合分析确定温室番茄最优的灌溉施氮模式。

目前,求解最优灌溉施氮制度的方法有很多种,应用较多的综合评价方法有:近似理想解法(technique for order preference by similarity to an ideal solution, TOPSIS)、灰色关联分析法(grey relational analysis method, GRA)、主成分分析法(principal component analysis method, PCA)、层次分析法(analytic hierarchy process method, AHP)和多元回归分析法等。TOPSIS 法是一种多目标决策方法,通过计算不同评价对象与正、负理想解的相对相似度,得到评价对象的综合效益,从而对评价对象进行决策(Bondor et al.,2012)。有研究者以温室番茄产量、耗水量、水分利用效率和各单项果实品质指标作为评价对象,利用 TOPSIS 模型确定了一种最优的灌水施肥模式(Luo et al.,2018)。GRA 法是我国学者邓聚龙教授于 20 世纪 80 年代前期提出的用于控制和预测新理论、新技术的灰色理论和方法,目前已被广泛地应用于农业等研究领域(邓聚龙,1990)。GRA 法是从各列数据挑选最大的数据作为参考数据,然后分析各处理因素与参考数据的关联系数,依据各因素的关联系数进一步求解关联度,通过关联度大小对评价对象进行排序,关联度越接近 1,则系统的综合决策效果越好。邢英英(2015)采用 GRA 方法,以温室番茄产量、番茄红素、水分利用效率和氮肥偏生产力及生物量为研究目标,确定了一种番茄最优的灌溉施肥模式。PCA 法是通过剔除不重要因素,简化数据结构,用较少的复合指标替代原始高维数据的大部分信息来实现高维数据缩减的一种统计方法(Napolitano et al.,2013),在温室综合评价中应用较多(Wang et al.,2015;邢英英,2015)。多元回归分析法是指在相关变量中将一个变量作为因变量,其他一个或多个变量作为自变量,建立多个自变量与一个因变量之间的数学关系,其在水肥管理模式制订中的应用主要是以灌水量和施肥量为自变量,以各评价指标为因变量,建立灌水量和施肥量与各评价目标的回归方程,通过求解回归方程的极值确定最佳的水肥投入量组合(肖自添 等,2007)。

番茄品质指标多而复杂,以上评价模型计算量较大。为减少工作量,本书拟以番茄综合品质的简化指标、产量、生物量、水分利用效率和氮肥利用效率作为评价指标,并结合不同水氮供应对土壤微环境的影响,确定一种环境友好型温室番茄高产高效优质的灌溉施肥模式,进而达到节水减肥丰产优质高效的温室果蔬生产目标。

1.3　需要进一步研究的问题

综上所述,国内外学者在水氮对番茄生长发育、产量和品质等的影响方面进行了大量研究,并运用综合评价模型评价了番茄果实品质,提出了一些适合番茄生长发育的优化灌溉施氮管理模式,但目前仍存在以下问题需要做进一步研究:

(1)土壤环境是番茄生长发育的基础,但大多数研究仅考虑不同水氮供应对地上作物的影响,生产中为了更加精确地控制灌溉施氮以实现番茄优质丰产高效环保的目标,尚需深入研究不同水氮供应对土壤环境的影响机制。

(2)番茄产量同时受穗层数、坐果数和平均单果重等因素的影响,然而现有研究缺乏对产量构成的研究,尤其缺乏水氮互作条件下不同穗层果实大小和坐果数联动变化特征的深入研究。因此，在系统研究不同水氮供应对番茄植株生长发育和产量影响的基础上，需要进一步深入研究灌溉和施氮对番茄坐果数和平均单果重的影响，揭示水氮供应对番茄产量形成和果实生长的协同调控机制。

（3）番茄属于营养生长和生殖生长同步进行的典型作物，不同水氮供应对不同穗层果实品质的影响势必存在差异。目前有关不同水氮供应对番茄果实品质影响的研究大多集中在某一穗或某几穗果实，而各穗果实和叶片因被遮阴的面积和厚度不同，使各穗果实和叶片周围的小气候存在一定的差异，导致各穗果实和叶片的光合能力、水分养分运输和吸收能力存在差异，进而影响果实品质的形成过程。因此，有必要进一步开展不同水氮供应对各穗果实品质的影响研究，探明水氮互作对番茄品质形成的调控机制和主要影响因素。

（4）番茄果实品质是一个综合概念，品质指标多而杂，尽管已有研究采用了多种综合评价法确定了番茄果实综合品质，但这些方法所需测量的指标多，且受仪器测量精度影响较大；另外，现有研究缺乏对多种综合品质评价方法进行系统的比较和研判。因此，有必要通过研究提出适合温室番茄果实综合品质评价的方法，并构建一个可以综合反映番茄品质性状的评价指标，为确定温室番茄优质高效的灌溉施氮模式奠定基础。

（5）传统的水氮管理模式，一般是以作物产量和水氮利用效率最大或损失最小作为优化目标，但随着消费者对番茄品质的要求和国家对高效绿色农业发展的要求越来越高，传统的水氮管理模式已不能适应当前番茄生产过程中的水氮管理要求，需要研究确定一种综合考虑番茄产量、生物量、品质、水氮利用效率和土壤微环境最优的灌溉施氮模式。

第 2 章　试验材料与方法

2.1　试验区概况

试验于 2018—2020 年在河南省新乡市七里营镇中国农业科学院综合试验基地 (35°09′N,113°47′E,海拔 78.7 m)的日光温室中开展,温室所在地区的多年平均降雨量为 548.3 mm,多年平均蒸发量为 1 908.7 mm,该地区属暖温带大陆性季风气候,多年平均气温为 14.1 ℃,日照时数达 2 398.8 h,无霜期为 200.5 d。

试验所用温室长为 60 m,宽为 8.5 m,温室内地表下沉 0.5 m,坐北朝南,东西走向,顶部和南部均覆盖有无滴聚乙烯薄膜,北墙体和东西墙体内均镶嵌有 0.6 m 厚的保温材料,温室内无其他增温设施。为保持温室内夜晚温度,在无滴聚乙烯薄膜表面覆盖 2.5 cm 厚的棉被。温室内白天空气温度和湿度主要通过温室顶部、北墙体内和南侧面的通风口控制。为防止主根区土壤水分侧渗的干扰,各小区间埋设 60 cm 深的塑料薄膜。试验区土壤为粉砂壤土,0~60 cm 深土层的土壤平均密度为 1.59 g/cm³,田间持水率为 22.97%(质量含水率),试验开始时温室内土壤理化性质如表 2-1 所示,试验开始前土壤初始含水率约为田间持水率的 85%。

表 2-1　试验开始时温室内土壤理化性质

土层深度/cm	化学性质						物理性质		质地
	速效磷/(mg/kg)	碱解氮/(mg/kg)	速效钾/(mg/kg)	有机质/%	pH	电导率/(μS/cm)	田间持水率/%	土壤密度/(g/cm³)	
0~20	60.44	70.68	381.40	1.21	8.31	379.70	23.84	1.57	粉砂壤土
20~40	17.02	43.77	234.37	0.77	8.53	250.76	22.71	1.60	粉砂壤土
40~60	5.91	30.49	145.63	0.54	8.6	197.62	22.36	1.61	粉砂壤土

2.2　试验设计

2018—2020 年,试验均采取裂区设计,主区包括 4 个施氮水平,副区包括 3 个灌溉水平,进行完全组合,共计 12 个处理,每个处理设置 3 个重复。4 个施氮水平分别为 0、150 kg/hm²、300 kg/hm² 和 450 kg/hm²(分别记为 N0、N1、N2 和 N3),灌水时间是基于作物冠层上方 20 cm 处的标准蒸发皿(直径 0.2 m,深 0.11 m)的累积蒸发量(E_{pan})来控制(Liu et al.,2013;Liu et al.,2019;Gong et al.,2020),当 E_{pan} 达到(20±2)mm 时所有处理开始灌溉,3 个灌溉水平的灌水定额分别为累积蒸发量(E_{pan})的 50%、70% 和 90%(分别记为 I1、I2 和 I3)。

三年试验所有处理施入的磷肥(过磷酸钙,含 P_2O_5 为 14%)和钾肥(硫酸钾,含 K_2O

为 50%)量相等,即施入 P_2O_5 为 120 kg/hm^2、K_2O 为 300 kg/hm^2,所施氮肥为尿素(含 N 为 46.4%)。移栽前,将所有的磷肥、40%的氮肥和钾肥撒在土壤表面作为底肥,然后用旋空铲翻耕到地下 16 cm 深处。剩下 60%的氮肥和钾肥平分为 n 份(n 为果实穗层数),分别在每穗果实开始膨大时通过滴灌系统随水追肥,其中 2018 年番茄各穗果实膨大日期分别为 4 月 19 日、5 月 4 日、5 月 17 日和 6 月 1 日,2019 年各穗果实膨大日期分别为 4 月 29 日、5 月 10 日、5 月 22 日和 6 月 2 日,2020 年各穗果实膨大日期分别为 4 月 17 日、4 月 28 日、5 月 12 日、5 月 22 日和 6 月 1 日。2018~2020 年的总施氮量、总灌水次数、总灌水量和每次平均灌水量如表 2-2 所示。

表 2-2 2018~2020 年的总施氮量(N)、总灌水次数(W_{num})、总灌水量(W_I)和每次平均灌水量(W_{ave})

处理		2018—2020 年	2018 年			2019 年			2020 年		
		N/(kg/hm^2)	W_{num}	W_I/mm	W_{ave}/mm	W_{num}	W_I/mm	W_{ave}/mm	W_{num}	W_I/mm	W_{ave}/mm
N0	I1	0		133.95	11.16		188.85	11.11		163.8	10.24
	I2	0		179.53	14.96		252.25	14.84		244.2	15.26
	I3	0		225.11	18.76		315.75	18.57		306.5	19.16
N1	I1	150		133.95	11.16		188.85	11.11		163.8	10.24
	I2	150		179.53	14.96		252.25	14.84		244.2	15.26
	I3	150	12	225.11	18.76	17	315.75	18.57	16	306.5	19.16
N2	I1	300		133.95	11.16		173.98	10.23		163.8	10.24
	I2	300		179.53	14.96		252.25	14.84		244.2	15.26
	I3	300		225.11	18.76		315.75	18.57		306.5	19.16
N3	I1	450		133.95	11.16		188.85	11.11		163.8	10.24
	I2	450		179.53	14.96		252.25	14.84		244.2	15.26
	I3	450		225.11	18.76		315.75	18.57		306.5	19.16

注:N 是施氮量,分别为 0(N0)、150 kg/hm^2(N1)、300 kg/hm^2(N2)和 450 kg/hm^2(N3);I 是灌水定额,分别为累积蒸发量(E_{pan})的 50%(I1)、70%(I2)和 90%(I3);W_{num} 是整个生育期内番茄总灌水次数;W_I 是整个生育期内番茄总灌水量,mm;W_{ave} 是每个处理每次平均灌水量,mm。

番茄供试品种为"火凤凰",属无限生长型品种。2018 年和 2019 年每株番茄留 4 穗果开始打顶,2020 年每株蕃茄留 5 穗果开始打顶。三年试验分别于 3 月 4 日、3 月 21 日和 3 月 4 日进行移栽,番茄采用宽行为 0.65 m,窄行为 0.45 m 和株距为 0.30 m 的种植模式,种植密度 5.7 株/m^2。移栽前将滴头间距为 0.30 m、流量为 1.1 L/h、工作压力为 100 kPa 的滴灌带铺设在每个小区,每个小区安装一个与压力表集成的阀门用于控制灌溉,每个小区首部同时安装一个水表(精度为 0.001 m^3)用于控制灌溉量。番茄移栽后,为保证成活率,所有小区均灌 20 mm 水,苗期末开始进行水分处理(水分处理开始时间分别为:2018 年 4 月 13 日、2019 年 4 月 20 日和 2020 年 4 月 12 日),于试验结束前一周停止灌溉。

2.3 测定项目和方法

2.3.1 温室内气象要素与水面蒸发

温室内的气象数据如空气温度(T_a)、空气相对湿度(RH)、太阳总辐射(R_s)等由安装在温室正中间的标准自动观测气象站（CR1000，Campbell，America）中的温湿度传感器（HMP155A，Campbell，America）、太阳总辐射传感器（LI200X，Campbell，America）和风速传感器（Windsoinc，Gill，England）自动采集，数据采集时间间隔为 30 min。

温室内番茄冠层上方 20 cm 处的水面蒸发量采用标准蒸发皿（直径为 0.2 m，深为 0.11 m）测定，试验开始后于每天早上 7:30~8:00 使用采用量筒（精度为 0.1 mm）测量前一天的水面蒸发量，为了确保蒸发皿中的水质，每天测量之后将水倒掉，并将蒸发皿清洗干净后重新注入 20 mm 蒸馏水。

生长过程中开花后有效积温 TEAF，采用式（2-1）计算：

$$\text{TEAF} = \sum_{i=1}^{n} (T_i - C) \tag{2-1}$$

式中：TEAF 为番茄开花后的有效积温，℃；T_i 为开花后第 i 天的平均空气温度，℃；C 为番茄果实发育起点温度，℃，本书取 10 ℃（Scholberg et al.，2000）。

生长过程中开花后总的光合有效辐射 TPAR，采用式（2-2）计算：

$$\text{TPAR} = \sum_{i=1}^{n} \eta \times Q_i \tag{2-2}$$

式中：TPAR 为番茄开花后总的光合有效辐射，MJ/(m² · d)；η 为光合有效辐射在太阳总辐射中所占比例，取值为 0.5（Hang et al.，2019）；Q_i 为开花后第 i 天的太阳总辐射，MJ/(m² · d)。

2.3.2　土壤基础理化参数

（1）土壤密度。试验开始前，采用环刀法测定试验地的土壤密度，每 20 cm 土层测量 1 次，每层测量 3 个重复，测量土层深度为 0~60 cm，温室内设置 3 个小区，每个小区重复 3 次。

（2）田间持水量。试验开始前，采用田间小区测定法测定试验地的田间持水量，测量土层深度为 0~100 cm，温室内设置 3 个小区，每个小区重复 3 次。

（3）土壤粒径。试验开始前，采用土钻取土法，每 20 cm 土层取一次土，测量土层深度为 0~100 cm，温室内设置 3 个小区，每个小区重复 3 次，取土风干过筛后，采用激光粒度分析仪测量每一层土壤粒径大小。

（4）土壤基础养分。在番茄移栽前和拔秧后，采用土钻取土法，每 20 cm 土层取一次土，测量深度为 0~100 cm，每个处理重复 3 次，鲜土样用于测定土壤硝态氮和铵态氮含量，风干土用于测定土壤全氮、全磷、碱解氮、速效磷、速效钾、pH、电导率和有机质。其中土壤硝态氮、铵态氮、全氮、全磷采用 AA3 流动分析仪（AA3，Germany）测定，pH 采用 pH 计（FiveEasy Plus，Switzerland）测定，电导率采用电导率仪（DDSJ-208A，China）测定，碱解氮、速效磷、速效钾和有机质分别采用碱解扩散法、碳酸氢钠浸提法、火焰光度法和重铬酸钾外加热法测定（鲍士旦，1999）。

2.3.3　土壤酶活性

于番茄盛果期（2020 年 5 月 30 日）第 4 次追肥一周后取样测定土壤脲酶、蔗糖酶和碱性磷酸酶活性。供试土壤取自距番茄根茎 10 cm 处（任华中，2003），0~20 cm（耕作层）

深的土层。每个处理设置 3 个重复,每个重复随机选取 5 个点,采集土样后会合成为一个土壤样品,过 2 mm 筛,风干后,分别采用靛酚蓝比色法测定土壤脲酶活性(肖新 等,2013)、二硝基水杨酸比色法测定土壤蔗糖酶活性(Gong et al.,2020)、磷酸苯二钠比色法测定土壤碱性磷酸酶活性(肖新 等,2013)。

2.3.4　土壤微生物

取土样用的所有封口袋和工具均经高温灭菌,取样方法、位置、日期和深度同上文"土壤酶活性"小节,将土壤样品分成三部分,第一部分装入 5 mL 离心管并用封口膜封口后用液氮迅速冷冻,然后运输至实验室保存于-80 ℃冰箱,用高通量测序法测定,其中土壤细菌引物的测序区域为 338F_806R,引物名称分别为 338F(ACTCCTACGGGAGGCAG-CAG)和 806R(GGACTACHVGGGTWTCTAAT),土壤真菌引物的测序区域为 ITS1F_ITS2R,引物名称分别为 ITS1F(CTTGGTCATTTAGAGGAAGTAA)和 ITS2R(GCTGCGTTCT-TCATCGATGC);第二部分风干后过 2 mm 筛,分析其对应的土壤养分;第三部分用于测定土壤质量含水率。

2.3.5　番茄生长生理指标的测定

2.3.5.1　生长指标的测定

自移栽后约 30 d 起,每隔 10 d 从每个处理挑选具有代表性的植株 3 株,每个处理重复 3 次,用于测定番茄株高和叶面积。采用直尺测量株高和叶片的叶长叶宽,叶长与叶宽相乘求和即为叶面积,番茄叶面积采用折算系数 0.685 进行修正(龚雪文 等,2016)。

2.3.5.2　生理指标的测定

成熟期,于晴天上午 9:00~11:30,从每个处理随机挑选具有代表性的植株 3 株,每个处理重复 3 次,每株挑选倒 5 叶片,采用 LI-6400 光合仪(Li-COR Inc,Lincoln, NE, USA)测定番茄植株叶片的净光合速率、蒸腾速率、气孔导度,以及同一植株不同穗层番茄对位叶的净光合速率、空气温度、气孔导度、蒸腾速率和光合有效辐射;同时采用叶绿素测定仪 SPAD(SPAD-502,Japan)同步测量叶片叶绿素相对含量。

2.3.5.3　植株生物量和含水量的测定

2018 年分别在第一穗果实进入快速生长期、打顶期、果实成熟期和收获期,每个处理随机选择大小均匀的植株 2 株,每个处理重复 3 次,按茎、叶和果实分成三部分,测量各部分鲜重,将样品在 105 ℃条件下杀青 30 min,然后在 75 ℃下烘干至恒重,并用精度为 0.01 g 的电子天平测量干重。2020 年自番茄移栽后 26 d 开始每隔 10 d 在每个处理中随机选择大小均匀具有代表性的植株 2 株,每个处理重复 3 次,按茎、叶和果实分成三部分,测量各部位的鲜重及株高和叶面积,将样品在 105 ℃条件下杀青 30 min,然后在 75 ℃下烘干至恒重,用精度为 0.01 g 的电子天平测量干重,并计算各部位含水量。

2.3.5.4　植株养分

将生育期内取得的茎、叶和果实干物质粉碎过 0.15 mm 筛,测量其全氮(TN)和全钾(TK)含量。其中 TN 采用 AA3 流动分析仪(AA3,Germany)测定,TK 采用火焰光度计法测定(Sheshbahreh et al.,2019)。不同植株组织氮素累积量用干重与组织的全氮含量相乘计算获得,单株氮素累积量为所有器官氮素累积量之和,群体氮素累积量用平均单株氮素累积量乘以群体密度计算获得。

2.3.5.5　番茄果实生长过程

自番茄每穗果实开花后 10 d 左右,每个处理随机选取有代表性的果实 2 个,每个处理重复 3 次,并用标记牌标记,利用游标卡尺每隔 2 d 采用十字交差法测量果实的横径和纵径,测量至果实成熟。

2.3.6　土壤含水率和作物耗水量

番茄每个生育期采用取土烘干法测量株间 0 ~ 100 cm 深的土壤含水率(Ismail et al.,2008;Liu et al.,2019),每 20 cm 土层取一钻。

作物耗水量采用水量平衡法计算,其计算公式如下(Allen et al.,2011):

$$ET = P + I + U - D - R - \Delta W \tag{2-3}$$

式中:ET 为作物耗水量,mm;P 为降雨量,mm;I 为灌水量,mm;U 为地下水补给量,mm;D 为深层渗漏量,mm;R 为地表径流量,mm;ΔW 为土壤储水量的变化量,mm,其计算方法如式(2-4)所示:

$$\Delta W = 1\,000 \times h(Q_{t2} - Q_{t1}) \tag{2-4}$$

式中:h 为作物根区深度,m;Q_{t1} 和 Q_{t2} 分别为 $t1$ 和 $t2$ 时段作物根区土壤平均体积含水率,cm^3/cm^3。

由于试验在日光温室中进行,无降雨,且采用滴灌灌水方式,灌水定额较小,地势平坦,因此 P、D 和 R 均为 0。温室内试验地的地下水位在 5.0 m 以下,作物无法吸收利用,故 $U = 0$。因此,式(2-3)可简化为:

$$ET = I - \Delta W \tag{2-5}$$

2.3.7　番茄产量、水分利用效率和氮肥利用效率

为消除边际效应,于番茄成熟期,在每个处理小区中间选取有代表性的两行植株 20 株作为产量观测对象,每个处理重复 3 次,记录 20 株植株红色的、无病虫害的果实采摘数量,并用精度为 5 g 的电子天平称量单果重和计算总产量,每个小区产量单独核算,采用游标卡尺测量每个果实的横径(TD)和纵径(LD),并计算果径(FD)。

果径(FD)的计算方法如式(2-6)所示:

$$FD = \frac{TD+LD}{2} \tag{2-6}$$

式中:TD、LD 和 FD 的单位均为 mm。

水分利用效率(WUE,kg/m^3)采用式(2-7)计算(Li et al.,2017;Yang et al.,2017):

$$WUE = \frac{Y_a}{ET} \times 100 \tag{2-7}$$

式中:Y_a 为番茄经济产量,t/hm^2;ET 为作物耗水量,mm;100 为单位换算系数。

氮肥偏生产力(PFP_n,kg/kg)是氮肥利用效率的表征指标之一(Du et al.,2017;Li et al.,2017;Nafi et al.,2019),其计算方法如式(2-8)所示:

$$PFP_n = \frac{Y_a}{NFR} \qquad (2-8)$$

式中：Y_a 为番茄经济产量，kg/hm^2；NFR 为氮肥的施入量，kg/hm^2。

氮肥生理利用效率（NUE，kg/kg）的计算方法如式（2-9）所示：

$$NUE = \frac{Y_a}{TNA} \qquad (2-9)$$

式中：Y_a 为番茄经济产量，kg/hm^2；TNA 为地上植株氮素累积量，kg/hm^2。

氮肥吸收利用效率（NAE，kg/kg）的计算方法如式（2-10）所示：

$$NAE = \frac{TNA}{NFR} \qquad (2-10)$$

式中：各符号意义同前。

2.3.8　番茄品质指标的测定

每个小区选取 12 个大小和色泽均匀一致、无损伤的成熟果实用于测定品质指标。于果实成熟日早上 8:00 之前完成样品采摘，并将新鲜的果实送至实验室，用蒸馏水将果实清洗干净并擦拭干，首先测量果实硬度（FF），然后将每个果实切分成两部分，一部分用于测定果实含水量（FW）、果实全氮含量（FTN）和果实全钾含量（FTK），另一部分用混浆机研磨混匀，用于测定维生素 C（VC）、可溶性固形物（TSS）、可溶性糖（SSC）、有机酸（OA）、可溶性蛋白（SP），糖酸比（SAR）由对应小区的 SSC 和 OA 的比值得到。

可溶性固形物（TSS）采用手持测糖仪——Digital Refractometer（ATAGO，PR-32α，Tokyo，Japan）测定；维生素 C（VC）采用 2,6-二氯酚靛酚钠滴定法测定（Liu et al.，2019）；可溶性糖采用蒽酮比色法测定（Liu et al.，2013；Wang et al.，2011）；有机酸采用滴定法测量（Du et al.，2017）；可溶性蛋白（SP）用考马斯亮蓝法测定（Liu et al.，2019）。果实干物质全氮和全钾测定方法同植株全氮和全钾测定方法。

果实含水量（FW），采用式（2-11）计算：

$$FW = \frac{FRW - DRW}{FRW} \times 100 \qquad (2-11)$$

式中：FW 为果实含水量，%；FRW 为果实鲜重，g；DRW 为鲜重对应果实的干物质重，g。

鲜果中全氮（FTN）和全钾（FTK）含量的计算方法分别为式（2-12）和式（2-13）：

$$FTN = \frac{100 - FW}{100} \times TN \qquad (2-12)$$

$$FTK = \frac{100 - FW}{100} \times TK \qquad (2-13)$$

式中：FTN 和 FTK 分别为鲜果中全氮和全钾的含量，mg/g。

2.3.9　优化分析评价方法

2.3.9.1　近似理想解（technique for order preference by similarity to an ideal solution，TOPSIS）法

TOPSIS 法的分析评价步骤主要有以下 5 步（Luo et al.，2018；Liu et al.，2019）。

（1）构建原始矩阵。

$$C = (x_{ij})_{n \times m} = \begin{bmatrix} x_{11} & x_{12} & \cdots & x_{1m} \\ x_{21} & x_{22} & \cdots & x_{2m} \\ \vdots & \vdots & & \vdots \\ x_{n1} & x_{n2} & \cdots & x_{nm} \end{bmatrix} \qquad (2\text{-}14)$$

式中：$x_{ij}(i = 1, 2, \cdots, n; j = 1, 2, \cdots, m)$ 为第 i 个处理的第 j 个评价目标。

（2）将原始矩阵归一化。

$$Z_{ij} = w_j \frac{x_{ij}}{\sqrt{\sum_{i=1}^{n} x_{ij}^2}} \qquad (2\text{-}15)$$

式中：Z_{ij} 为 x_{ij} 的标准化；w_j 为第 j 个评价指标的权重，本书取 $w_j = 1$。

（3）确定最优方案 Z^+ 和最劣方案 Z^-。

$$Z^+ = (Z_{\max 1}, Z_{\max 2}, \cdots, Z_{\max m}) \qquad (2\text{-}16)$$

$$Z^- = (Z_{\min 1}, Z_{\min 2}, \cdots, Z_{\min m}) \qquad (2\text{-}17)$$

（4）计算每一个评价对象与 Z^+ 和 Z^- 的距离 D_i^+ 和 D_i^-。

$$D_i^+ = \sqrt{\sum_{j=1}^{m} (Z_{ij} - Z_j^+)^2} \qquad (2\text{-}18)$$

$$D_i^- = \sqrt{\sum_{j=1}^{m} (Z_{ij} - Z_j^-)^2} \qquad (2\text{-}19)$$

（5）计算各评价对象与最优方案的接近程度。

$$C_i = \frac{D_i^-}{D_i^+ + D_i^-} \qquad (2\text{-}20)$$

式中：$0 < C_i < 1$，C_i 越接近 1，番茄的综合评价效果越优。

2.3.9.2 灰色关联分析（grey relation analysis，GRA）法

GRA 法是在灰色系统的基础上发展的，在灰色系统中每一个处理都被认为是因素之一，GRA 法综合评价主要有 5 个步骤（Xiao et al., 2012；Wang et al., 2015）。

（1）根据评价目的建立原始评价体系矩阵。

$$A = (a_{ij})_{n \times m} = \begin{bmatrix} a_{11} & a_{12} & \cdots & a_{1m} \\ a_{21} & a_{22} & \cdots & a_{2m} \\ \vdots & \vdots & & \vdots \\ a_{n1} & a_{n2} & \cdots & a_{nm} \end{bmatrix} \qquad (2\text{-}21)$$

式中：$a_{ij}(i = 1, 2, \cdots, n; j = 1, 2, \cdots, m)$ 为第 i 个处理的第 j 个评价目标。

（2）对原始矩阵进行无量纲化处理。

$$X_{ij} = \frac{a_{ij}}{a_{1j}} \qquad (2\text{-}22)$$

式中：X_{ij} 为 a_{ij} 的标准化；a_{ij} 为第 i 个处理的第 j 个评价目标；a_{1j} 为第 1 个处理的第 j 个评价指标。

（3）确定参考数据列 X_0。

$$X_0 = (x_{\max 1}, x_{\max 2}, \cdots, x_{\max m}) \tag{2-23}$$

式中：$x_{\max j}$ 是所有处理中第 j 个评价指标的最大值，$j = 1, 2, \cdots, m$。

（4）计算关联系数 ξ_{ik}。

灰色关联系数的计算方法见式（2-24）（Tamrin et al.，2014）：

$$\xi_{ik} = \frac{\min\limits_{i} \min\limits_{k} |x_{0k} - x_{ik}| + \rho \max\limits_{i} \max\limits_{k} |x_{0k} - x_{ik}|}{|x_{0k} - x_{ik}| + \rho \max\limits_{i} \max\limits_{k} |x_{0k} - x_{ik}|} \tag{2-24}$$

式中：x_{0k} 为所有处理中第 k（$k = 1, 2, \cdots, j$）个评价指标的最大值；ρ 为分辨系数，在（0，1）内取值，本书取 $\rho = 0.5$（Wang et al.，2015）。

（5）计算关联度 γ_i。

$$\gamma_i = \frac{1}{m} \sum_{k=1}^{m} \xi_{ik} \tag{2-25}$$

2.3.9.3　主成分分析（principal components analysis，PCA）法

PCA 法综合评价的步骤主要有以下 7 步（El-Bendary et al.，2015；Luo et al.，2018）：

（1）构建原始数据矩阵 X。

$$X = (x_{ij})_{n \times m} = \begin{bmatrix} x_{11} & x_{12} & \cdots & x_{1m} \\ x_{21} & x_{22} & \cdots & x_{2m} \\ \vdots & \vdots & & \vdots \\ x_{n1} & x_{n2} & \cdots & x_{nm} \end{bmatrix} \tag{2-26}$$

式中：x_{ij}（$i = 1, 2, \cdots, n$；$j = 1, 2, \cdots, m$）为第 i 个处理的第 j 个评价目标。

（2）将原始矩阵标准化。

首先为保证评价指标的优劣方向一致，将低优指标进行同趋化处理，变为高优指标，即 $x'_{ij} = -x_{ij}$。然后将同趋化的指标进行标准化处理，标准化指标 a_{ij} 计算公式如下：

$$a_{ij} = \frac{x'_{ij} - \overline{x'_j}}{S_j} \tag{2-27}$$

$$x'_j = \frac{\sum\limits_{i=1}^{n} x'_{ij}}{n} \tag{2-28}$$

$$S_j = \sqrt{\frac{\sum\limits_{i=1}^{n} (x'_{ij} - \overline{x'_j})^2}{n-1}} \tag{2-29}$$

（3）计算标准化矩阵的相关系数矩阵 R。

$$R = (r_{ij})_{m \times m} = \begin{bmatrix} r_{11} & r_{12} & \cdots & r_{1m} \\ r_{21} & r_{22} & \cdots & r_{2m} \\ \vdots & \vdots & & \vdots \\ r_{m1} & r_{m2} & \cdots & r_{mm} \end{bmatrix} \tag{2-30}$$

式中:r_{ij} 为 x'_j 和 x'_i 的相关系数,$i=1,2,\cdots,m$。

(4)计算 R 的特征根 λ_k 和对应的特征向量 α_k。

$$(R - \lambda_k I_m)\alpha_k = 0 \tag{2-31}$$

式中:$\sum\limits_{k=1}^{m}\lambda_k=m$,$k=1,2,\cdots,m$;$\alpha_k=[\alpha_{k1},\alpha_{k2},\cdots,\alpha_{km}]^{\mathrm{T}}$。

(5)确定主成分。f_k 是特征值 λ_k 对应的第 k 个主成分,代表 f_{ik} 主成分权重的决定系数为 D_k。

$$D_k = \frac{\lambda_k}{m}, \qquad k = 1,2,\cdots,m \tag{2-32}$$

$$f_{nk} = \sum_{i=1}^{m} a_{ik}\alpha_{ik} \tag{2-33}$$

第一个主成分 f_{n1} 在所有数据中的方差贡献率最大。

(6)计算不同处理的最大主成分分量 d_i^+ 和最小主成分分量 d_i^-。

$$d_i^+ = \sqrt{\sum_{j=1}^{n} w_j(f_{ij} - f_j^+)^2} \tag{2-34}$$

$$d_i^- = \sqrt{\sum_{j=1}^{n} w_j(f_{ij} - f_j)^2} \tag{2-35}$$

式中:w_j 为第 j 个主成分的方差贡献率;f_j^+ 和 f_j 分别为第 j 个主成分的最大值和最小值。

(7)计算每个处理的综合评价度量值 Q_i。

$$Q_i = \frac{d_i^-}{d_i^+ + d_i^-}, \qquad i = 1,2,\cdots,n \tag{2-36}$$

式中:$Q_i \in [0,1]$,Q_i 值越大,对应处理的综合评价越高。

2.4　数据处理方法

本书利用 Microsoft Excel 2016 和 Origin 2018 软件对试验数据进行分析和作图,并借助美吉生物–微生物多样性云平台分析土壤微生物数据。采用统计软件 SPSS(SPSS 17.0,SPSS Inc.,USA)进行试验数据方差分析,并运用 Duncan 检验对各试验处理间差异进行两两比较分析。

第3章 水氮互作对温室番茄耕作层
土壤环境因子的影响

土壤是一种基础资源,对土壤环境的管理是提高农业生产力和环境质量的关键。水、氮是人为可控直接干扰土壤环境的两大因子。灌水量是否合理直接影响着土壤中微生物的活性和总量;灌水量过多或过少均不利于土壤酶活性的提高(徐国伟 等,2012;冯在麒,2017),有研究表明土壤含水率与土壤微生物活性呈正相关(王龙昌 等,1998);减少灌水量可提高土壤中碱解氮、速效磷等养分含量(郭全忠,2013),但过量灌溉会降低微生物总量(任华中,2003)。适量施氮可提高土壤酶活性,有利于土壤中细菌和真菌微生物数量的增多,但过量施氮则会抑制土壤酶活性(王杰 等,2014;奚雅静 等,2019)和微生物数量,导致真菌与土壤水氮供应间缺乏规律性联系(任华中,2003),造成土壤硝态氮大量累积、地下水污染,并影响土壤的累积矿化量和改变土壤的碳氮比(党廷辉 等,2003;李世清等,2004;李文祥,2007;Khalil et al.,2007;Song et al.,2009)等。水氮供应是番茄生产中影响土壤质量的重要因素,研究不同水氮供应对土壤环境因子的影响,不仅有利于明确土壤环境因子对水氮调控的响应机制,而且对指导温室番茄节水减氮优化管理模式的制订具有重要意义。

3.1 水氮互作对温室番茄耕作层土壤含水率和养分的影响

通过分析不同水氮处理下番茄成熟期(移栽后88 d)耕作层(0~20 cm)土壤含水率和养分含量(见表3-1)的差异发现,灌溉对番茄耕作层土壤含水率、土壤铵态氮、硝态氮和速效钾含量产生了显著的影响,施氮对土壤含水率、土壤铵态氮、硝态氮、碱解氮、速效钾、速效磷和有机质含量及电导率产生了显著影响,而水氮交互作用仅显著影响了土壤含水率、土壤铵态氮和硝态氮含量。

由表3-1可知,增加灌水量可显著提高耕作层土壤含水率和铵态氮含量,但降低了土壤中硝态氮和速效钾的含量;就相同灌溉水平下的平均值而言,与I1灌溉水平比较,I2灌溉水平和I3灌溉水平的土壤含水率分别提高了1.81%和10.90%,土壤铵态氮含量分别提高了15.88%和28.24%,而硝态氮含量分别降低了12.73%和36.98%,速效钾含量分别下降了11.61%和15.00%。随着施氮量的增加,土壤硝态氮和碱解氮含量均呈现出显著增大的变化,土壤速效磷和速效钾含量均显著降低,铵态氮和有机质含量均呈先增大后减小的变化趋势,分别在N1和N2施氮水平时达到最大,但两者在N1和N2间无显著差异;施氮对土壤其他养分元素无显著影响;就相同施氮水平下的平均值而言,与N0施氮水平比较,N1施氮水平、N2施氮水平和N3施氮水平的土壤硝态氮含量分别显著提高了33.17%、93.42%和321.66%,碱解氮含量分别提高了2.09%、2.77%和19.76%,而速效磷含量分别下降了4.35%、13.43%和20.27%,速效钾含量分别下降了9.97%、12.63%和20.09%。

表 3-1　2020 年番茄盛果期不同水氮处理耕作层土壤含水率和养分含量

处理		土壤含水率/%	铵态氮/(mg/kg)	硝态氮/(mg/kg)	全氮/(mg/g)	碱解氮/(mg/kg)	速效钾/(mg/kg)	速效磷/(mg/kg)	pH	有机质/%	EC/(μS/cm)	全磷/(mg/g)
N0	I1	17.70a	1.53c	8.25d	1.12ab	103.81de	375.55a	65.26ab	8.67a	1.26cd	238.33ab	1.19b
	I2	17.90a	2.03b	7.49d	1.11ab	100.87de	350.19a	70.39a	8.61a	1.27bcd	244.1ab	1.23ab
	I3	18.32a	2.32b	6.89d	1.11b	102.12de	351.6a	70.79a	8.65a	1.25d	191.6c	1.21ab
N1	I1	15.27c	2.31a	10.29cd	1.16ab	96.65e	365.25a	65.77ab	8.62a	1.33abcd	219.9bc	1.24ab
	I2	15.41c	2.33a	10.24cd	1.17ab	108.92cde	303.02b	65.57ab	8.66a	1.36ab	215.7bc	1.24ab
	I3	17.59a	2.38a	9.60cd	1.17ab	107.64cde	301.69b	66.11ab	8.54ab	1.37a	221bc	1.23ab
N2	I1	15.38c	1.91b	20.37b	1.15ab	111.22bcd	361.03a	52.57d	8.61a	1.38a	237abc	1.17b
	I2	16.08bc	2.36a	13.53c	1.15ab	102.57de	294.33b	61.61bc	8.59a	1.35abc	215.15bc	1.22ab
	I3	16.47b	2.40a	9.85cd	1.18a	101.49de	285.85bc	64.52ab	8.63a	1.36ab	215.23bc	1.24ab
N3	I1	13.63d	1.04d	37.76a	1.16ab	124.65a	306.24b	56.02cd	8.51ab	1.34abcd	251.33ab	1.29a
	I2	13.73d	1.14d	35.66a	1.17ab	122.35ab	297b	54.94c	8.39b	1.33abcd	278a	1.21ab
	I3	16.39b	1.63c	21.98b	1.17ab	120.43abc	257.66c	53.63d	8.56a	1.25d	242.33ab	1.20b
施氮水平	N0	17.97a	1.96b	7.54d	1.11b	102.27b	359.11a	68.81a	8.64a	1.26b	224.68b	1.21a
	N1	16.09b	2.34a	10.04c	1.17a	104.41b	323.32b	65.82a	8.61ab	1.35a	218.87b	1.24a
	N2	15.98b	2.22a	14.59b	1.16ab	105.1b	313.74b	59.57b	8.61ab	1.36a	222.46b	1.21a
	N3	14.58c	1.27c	31.80b	1.17a	122.47a	286.97c	54.86c	8.49b	1.31ab	257.22a	1.23a
灌溉水平	I1	15.50b	1.70c	19.17a	1.15a	109.08a	352.02a	59.91b	8.60a	1.33a	236.64a	1.22a
	I2	15.78b	1.97b	16.73a	1.15a	108.68a	311.14b	63.13ab	8.60a	1.33a	238.24a	1.23a
	I3	17.19a	2.18a	12.08b	1.16a	107.92a	299.2b	63.76a	8.57a	1.31a	217.54a	1.22a
Duncan	N	0.000 0	0.000 0	0.000 0	0.107 5	0.002 2	0.000 9	0.003 5	0.098 2	0.024 8	0.045 6	0.301 9
	I	0.000 0	0.000 0	0.000 2	0.764 8	0.944 3	0.000 0	0.066 2	0.580 6	0.625 6	0.186 2	0.988 1
	N×I	0.012 9	0.026 1	0.004 0	0.975 1	0.406 9	0.093 3	0.115 8	0.291 3	0.499 6	0.487 4	0.176 9

在亏缺灌溉(I1)下，土壤铵态氮含量随施氮量的增大呈先增大后减小的变化趋势，N1 施氮水平时最大，为 2.31 mg/kg；在 I2 和 I3 灌溉水平下，土壤铵态氮含量随施氮量的增大呈先增大后减小的变化趋势，均在 N2 施氮水平达到最大，分别为 2.36 mg/kg 和 2.40 mg/kg，但 N1 施氮水平和 N2 施氮水平间无显著差异。在亏缺灌溉(I1)下，土壤有机质含量随施氮量的增大呈先增大后减小的趋势，在 N2 施氮水平时达到最大，为 1.38%；在 I2 灌溉水平和 I3 灌溉水平下，土壤有机质含量随施氮量的增大呈先增大后减小的变化趋势，均在 N1 施氮水平时达到最大，分别为 1.36% 和 1.37%，但 N1 施氮水平和 N2 施氮水平间无显著差异。

综上所述，增加灌水量有利于提高土壤含水率和土壤铵态氮、全氮和速效磷的含量，降低了土壤硝态氮和速效钾含量；增施氮肥显著提高了土壤硝态氮和碱解氮含量，降低了速效磷和速效钾含量，在不超过 N1 施氮水平时，适量增施氮肥有助于土壤铵态氮和有机质含量的提高，但其提高幅度在过量施氮时则变得较小甚至有下降趋势。

3.2　水氮互作对温室番茄土壤酶活性的影响

土壤酶活性是反映土壤生化性质的一个重要指标(李琰琰 等，2012)，其活性大小可以比较敏感地反映土壤中生化反应的方向和强度，故常用来作为衡量土壤质量变化的敏感指标(曹慧 等，2003；陈心想 等，2014)。土壤中存在多种酶，而水解酶和主要凋落物的降解酶是评价土壤质量最常用的酶(Adetunji et al.，2017)。因此，本书选取常用的土壤脲酶、蔗糖酶和碱性磷酸酶作为研究对象，探讨不同水氮处理对土壤酶活性的影响。

3.2.1　水氮互作对温室番茄耕作层土壤脲酶活性的影响

不同水氮处理对耕作层土壤脲酶活性、蔗糖酶活性和碱性磷酸酶活性的影响见表 3-2。由表 3-2 可知，灌溉、施氮及水氮交互作用对土壤脲酶活性均产生了显著影响。就相同灌溉水平下的平均值而言，I1 灌溉水平的土壤脲酶活性最大，为 767.36 μg/(d·g)；I2 和 I3 灌溉水平下的较小，但两者间无显著差异，说明灌水量增大土壤脲酶活性有降低的趋势，原因可能是较大的土壤含水率降低了土壤温度，导致土壤脲酶活性降低，这一研究结果与罗慧等(2014)的研究结果一致。就相同施氮水平下的平均值而言，土壤脲酶活性随施氮量的增大呈先增大后减小的变化趋势，N1 施氮水平时达到最大[788.47 μg/(d·g)]，N0、N2 和 N3 施氮水平的土壤脲酶活性较 N1 的分别显著降低了 10.28%、4.70% 和 3.42%，说明适量增施氮肥可提高土壤脲酶活性，但过量施氮则会抑制土壤脲酶的活性，从而弱化尿素的有效性，降低肥料的利用效率。分析其原因，一方面可能是因施氮量过大加速了番茄生长，使番茄枝叶茂盛，地面遮阴面积加大，使土壤温度下降，导致脲酶活性下降；另一方面可能是过量施氮抑制了根系有机酸的分泌，降低了土壤中微生物数量(徐国伟 等，2012)，导致土壤脲酶活性降低，最终降低了土壤中有机氮的铵态化(见表 3-1)。

表 3-2　不同水氮处理对耕作层土壤脲酶活性、蔗糖酶活性和碱性磷酸酶活性的影响

处理		脲酶/[μg/(d·g)]	蔗糖酶/[mg/(d·g)]	碱性磷酸酶/[μmol/(d·g)]
N0I1		713.68ef	41.88c	5.78cd
N0I2		683.60f	52.12b	5.17ef
N0I3		686.37f	53.56b	4.93ef
N1I1		821.71a	47.40bc	6.55ab
N1I2		760.17cd	48.65bc	6.22bc
N1I3		783.53abc	52.71b	6.10bc
N2I1		750.11cde	65.70a	4.61f
N2I2		718.78def	53.56b	4.98ef
N2I3		815.23ab	45.57bc	7.07a
N3I1		783.92abc	73.80a	5.85cd
N3I2		777.36bc	69.45a	5.43de
N3I3		692.91f	65.75a	5.28de
施氮水平	N0	694.55c	49.19c	5.29b
	N1	788.47a	49.58c	6.29a
	N2	761.38b	54.95b	5.55b
	N3	751.40b	69.67a	5.52b
灌溉水平	I1	767.36a	57.19a	5.78a
	I2	734.98b	55.95a	5.17b
	I3	744.51ab	54.40a	4.93b
Duncan	N	0.000 7	0.000 2	0.000 3
	I	0.033 0	0.486 1	0.065 5
	N×I	0.001 2	0.004 2	0.000 0

3.2.2　水氮互作对温室番茄耕作层土壤蔗糖酶活性的影响

由表 3-2 可知:灌溉、水氮交互作用对土壤蔗糖酶活性影响不显著,而施氮对土壤蔗糖酶活性产生了显著影响。就相同灌溉水平下的平均值而言,土壤蔗糖酶活性随灌水量的增大有降低的变化趋势,但差异不明显。就相同施氮水平下的平均值而言,土壤蔗糖酶活性随施氮量的增大而显著提高,与 N0 施氮水平比较,N1 施氮水平、N2 施氮水平和 N3 施氮水平的土壤蔗糖酶活性分别提高了 0.79%、11.71% 和 41.63%。陈修斌等(2019)研究水氮供应对旱区温室番茄土壤蔗糖酶活性影响的结果表明,在施氮量不高于 570 kg/hm²时,土壤蔗糖酶活性随施氮量的增大而增大,原因是番茄根系生长环境在施氮条件下得到

了改善,增强了番茄根系的代谢活力,使其分泌出的蔗糖酶较多,本书结果与其一致。

在 N0 施氮水平和 N1 施氮水平下,土壤蔗糖酶活性随灌水量的增大而增大,可能是因 N0 施氮水平和 N1 施氮水平下番茄叶面积指数小,透光率高,辐射对土壤温度的影响弥补了灌溉的影响,导致 N0 施氮水平和 N1 施氮水平下的土壤蔗糖酶活性随着灌水量增大而增大;在 N2 施氮水平和 N3 施氮水平下,土壤蔗糖酶活性随灌水量增大而减小,原因可能是在 N2 施氮水平和 N3 施氮水平下,番茄叶面积较大,透光率低,辐射对土壤温度产生的影响弱于灌溉对土壤温度的影响,土壤温度降低导致蔗糖酶活性降低。

3.2.3 水氮互作对温室番茄耕作层土壤碱性磷酸酶活性的影响

由表 3-2 可知:施氮及水氮交互作用对土壤碱性磷酸酶活性均产生了显著的影响。就相同灌溉水平下的平均值而言,土壤碱性磷酸酶活性随灌水量的增大而显著降低,与 I1 灌溉水平比较,I2 灌溉水平和 I3 灌溉水平的土壤碱性磷酸酶活性分别降低了 10.55% 和 14.71%。分析原因,一方面可能是 I3 灌溉水平的土壤速效磷含量显著大于 I1 灌溉水平的(见表 3-1),土壤速效磷含量过高抑制了土壤碱性磷酸酶活性;另一方面可能是土壤水分的影响,一般情况下,土壤湿度较大时,酶活性较高,若土壤过湿则会降低土壤温度,则会使酶活性减弱(陈修斌 等,2019)。就相同施氮水平下的平均值而言,土壤碱性磷酸酶活性随施氮量增大呈先增大后减小的趋势,在 N1 施氮水平时达到最大,为 6.29 $\mu mol/(d \cdot g)$,N0 施氮水平、N2 施氮水平和 N3 施氮水平的土壤碱性磷酸酶活性较 N1 施氮水平的分别显著降低了 15.90%、11.76% 和 12.42%,说明土壤中速效磷含量适中,才能使土壤中碱性磷酸酶活性最强,土壤中速效磷含量过高或过低均会降低土壤碱性磷酸酶活性(陈修斌 等,2019),即不施氮或过量施氮均会降低土壤环境质量。

3.3 水氮互作下土壤酶活性与土壤含水率和土壤养分的相关性

通过分析不同水氮处理下土壤养分、土壤含水率及土壤脲酶、蔗糖酶和碱性磷酸酶活性之间的相互关系(见表 3-3)发现,土壤脲酶活性与碱性磷酸酶活性、全氮和有机质含量均呈显著的正相关关系,与土壤含水率呈显著的负相关关系。土壤蔗糖酶活性与土壤硝态氮含量、碱解氮含量和电导率呈显著的正相关关系,而与土壤含水率、铵态氮含量、速效磷含量和 pH 呈显著的负相关关系。土壤碱性磷酸酶活性仅与土壤全氮和全磷含量呈显著正相关关系。土壤含水率仅与土壤速效磷含量和 pH 呈显著正相关关系,而与土壤脲酶活性、蔗糖酶活性、硝态氮含量、碱解氮含量和电导率呈显著的负相关关系。由相关分析可知,土壤酶活性与土壤含水率呈负相关,原因一方面是灌水量过大导致土壤温度下降,引起土壤酶活性降低,另一方面可能与土壤微生物数量和酶的水解物有关,灌水量增大引起酶的水解物增多,而酶的水解物过多会反过来抑制相关酶的活性。

表 3-3　土壤酶活性与土壤养分和土壤含水率的相关关系

	X1	X2	X3	X4	X5	X6	X7	X8	X9	X10	X11	X12	X13	X14
X1	1													
X2	-0.013 8ns	1												
X3	0.738 1**	-0.458 0ns	1											
X4	-0.567*	-0.633 2*	-0.120 3ns	1										
X5	0.054 5ns	-0.686 1**	0.211 9ns	0.531 6ns	1									
X6	0.229 0ns	0.902 0***	-0.177 2ns	-0.825 9***	-0.829 7***	1								
X7	0.645 3*	0.148 3ns	0.621 0*	-0.412 7ns	-0.054 1ns	0.262 9ns	1							
X8	0.028 4ns	0.871 4ns***	-0.211 4ns	-0.627 9*	-0.806 4***	0.900 5***	0.307 7ns	1						
X9	0.474 5ns	0.068 3ns	0.582 2*	-0.320 0ns	-0.062 5*	0.207 4ns	0.216 7ns	0.100 8ns	1					
X10	-0.160 1ns	-0.779 7**	0.282 9ns	0.700 8**	0.600 8ns	-0.803 1***	-0.385 8ns	-0.766 6**	0.239 1ns	1				
X11	-0.126 8ns	-0.354 9ns	-0.181 1ns	0.292 9ns	0.070 3ns	-0.373 2ns	-0.509 9ns	-0.508 0ns	-0.241 3ns	0.395 4ns	1			
X12	0.730 7*	0.121 2ns	0.287 3ns	-0.513 7ns	0.231 2ns	0.192 9ns	0.316 1ns	0.057 7ns	0.195 7ns	-0.299 7ns	-0.212 4ns	1		
X13	0.064 0ns	0.610 6*	-0.152 9ns	-0.554 6*	-0.852 1***	0.752 2*	0.176 9ns	0.696 5*	-0.003 8ns	-0.603 9*	-0.140 5ns	-0.022 2ns	1	
X14	-0.258 8ns	-0.746 8*	0.114 4ns	0.608 4	0.633 6*	-0.824 5***	-0.268 2ns	-0.735 2*	-0.190 4ns	0.571 8*	0.452 3ns	-0.209 8ns	-0.745 9**	1

注：X1、X2、X3、X4、X5、X6、X7、X8、X9、X10、X11、X12、X13 和 X14 分别代表土壤脲酶活性、蔗糖酶活性、碱性磷酸酶活性、土壤含水率、铵态氮含量、全氮含量、硝态氮含量、碱解氮含量、全磷含量、速效磷含量、有机质含量、电导率和 pH。ns 代表土壤无显著性，* 代表 $p<0.05$，** 代表 $p<0.01$，*** 代表 $p<0.001$，数字代表相关系数。

3.4　水氮互作对温室番茄耕作层土壤微生物群落组成的影响

3.4.1　温室番茄耕作层土壤微生物的群落组成

3.4.1.1　土壤细菌微生物群落组成

由温室番茄滴灌耕作层土壤细菌微生物的稀释性曲线(见图 3-1)可以看出,不同水氮处理的 OTU(operational taxonomic units,操作分类单元)数目均达到平台期,说明测序深度足够且能涵盖绝大部分细菌群落的多样性信息。本书从 12 个水氮处理 36 个耕作层土壤样品(每个处理取 3 个样品)中共计得到 1 766 813 条 16S rRNA 高质量序列,土壤细菌域(Domain)1,届(Kingdom)1,门(Phylum)43,纲(Class)144,目(Order)358,科(Family)571,属(Genus)1 046 和种(Species)2 216,温室蕃茄耕层土壤在门分类学水平上的细菌群落组成及物种丰度百分比见图 3-2。

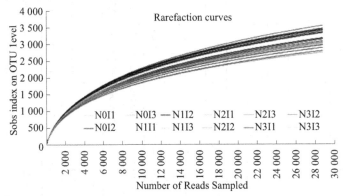

图 3-1　温室番茄滴灌耕作层土壤细菌微生物的稀释性曲线

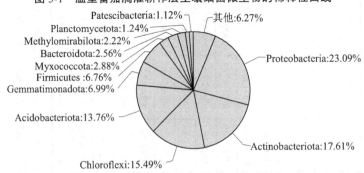

图 3-2　温室番茄耕作层土壤在门分类学水平上的细菌群落组成及物种丰度百分比

由图 3-2 可知,温室番茄滴灌耕作层土壤细菌门分类学水平上的优势物种分别为 Proteobacteria(23.09%)、Actinobacteriota(17.61%)、Chloroflexi(15.49%)、Acidobacteriota(13.76%),其次为 Gemmatimonadota(6.99%)、Firmicutes(6.76%)、Myxococcota(2.88%)、Bacteroidota(2.56%)和 Methylomirabilota(2.22%),这些门类共占细菌总相对丰度的 91.36%。由以上分析可知 Proteobacteria、Actinobacteriota、Chloroflexi 和 Acidobacteriota 在温室番茄滴灌耕作层土壤细菌中占主要地位,是主要的细菌物种。

3.4.1.2　土壤真菌微生物群落组成

由温室番茄滴灌耕作层土壤真菌微生物的稀释性曲线(见图 3-3)可以看出,不同水氮处理耕作层土壤各样品的 OTU 数目均达到平台期,说明测序深度足够且能涵盖绝大部分真菌群落的多样性信息。本书从 12 个水氮处理 36 个耕作层土壤样品(每个处理取 3 个样品)中共计得到 20 677 220 个 ITSI 高质量序列,土壤真菌域(Domain)1,届(Kingdom)3,门(Phylum)15,纲(Class)34,目(Order)69,科(Family)142,属(Genus)248 和种(Species)389,温室番茄耕层土壤在属分类学水平上的真菌群落组成及物种丰度百分比见图 3-4。

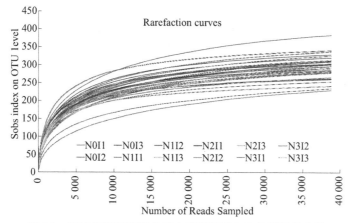

图 3-3　温室番茄滴灌耕作层土壤真菌微生物的稀释性曲线

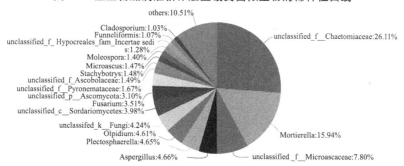

图 3-4　温室番茄耕作层土壤在属分类学水平上的真菌群落组成及物种丰度百分比

从图 3-4 可以看出,土壤真菌属分类学水平上的优势物种分别为:unclassified_f__Chaetomiaceae(26.11%)、Mortierella(15.94%)、unclassified_f__Microascaceae(7.80%)、Aspergillus(4.66%)、Plectosphaerella(4.65%)、Olpidium(4.61%)、unclassified_k__Fungi(4.24%)、unclassified_c__Sordariomycetes(3.98%)和 Fusarium(3.51%)等,共占土壤真菌总相对丰度的 89.49%。由以上分析可知,unclassified_f__Chaetomiaceae、Mortierella 和 unclassified_f__Microascaceae在温室番茄滴灌耕作层土壤真菌中占主导地位,是主要的真菌物种。

3.4.2　水氮互作对温室番茄耕作层土壤细菌和真菌群落组成的影响

3.4.2.1　水氮互作对土壤细菌微生物群落组成的影响

不同灌溉水平对温室番茄滴灌耕作层土壤细菌群落组成的影响如图 3-5 所示。由图 3-5 可知,不同灌溉水平对温室番茄土壤细菌群落组成无影响,但改变了群落中物种丰度百分比。增加灌水量，优势物种Proteobacteria和 Actinobacteriota 的丰度百分比有下降趋势，而优势物种 Chloroflexi 和 Acidobacteriota 的丰度百分比有上升趋势。与 I1 灌溉水平比较，I2 灌溉水平和 I3 灌溉水平下优势物种 Proteobacteria 的丰度百分比分别下降了 1.70% 和 4.33%，优势物种 Actinobacteriota 的丰度百分比分别下降了 5.43% 和 4.93%，而优势物种 Chloroflexi 的丰度百分比分别提高了 3.64% 和 3.97%，优势物种 Acidobacteriota 的丰度百分比分别提高了 7.67% 和 15.34%。

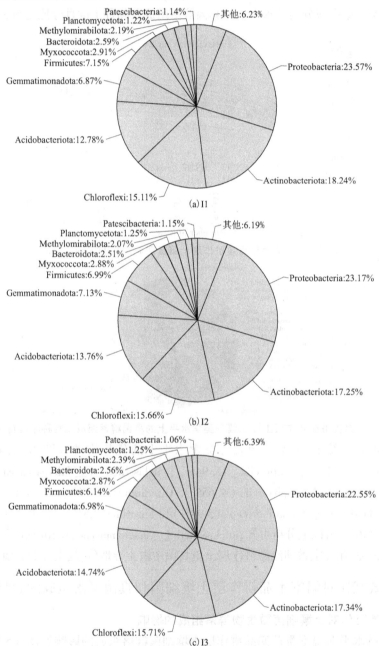

图 3-5　不同灌溉水平下耕作层土壤细菌群落组成及物种丰度百分比

不同施氮水平下耗作层土壤细菌群落组成及物种丰度百分比见图 3-6。由图 3-6 可知,不同施氮水平对温室番茄土壤细菌群落组成无影响,但改变了土壤细菌群落中物种丰度百分比,而许多研究者也认为,施氮与不施氮对土壤细菌群落的组成未产生明显影响(Ogilvie et al.,2008;Borjesson et al.,2012;Geisseler et al.,2016),本书研究结果与其研究结果一致。优势物种 Proteobacteria 的丰度百分比随施氮量的增大呈先增大后降低的变化趋势,在 N2 施氮水平时最大;优势物种 Actinobacteriota 的丰度百分比随施氮量的增大而增大,优势物种 Chloroflexi 的丰度百分比随施氮量增大呈先减小后增大的变化趋势,两者均在 N3 施氮水平时达到最大;而优势物种 Acidobacteriota 的丰度百分比随施氮量的增大而降低;与 N0 施氮水平比较,N1 施氮水平、N2 施氮水平和 N3 施氮水平下优势物种 Proteobacteria 的丰度百分比分别提高了 9.23%、9.09% 和 8.03%,Actinobacteriota 的丰度百分比分别提高了 7.28%、9.34% 和 10.74%,而 Acidobacteriota 的丰度百分比分别下降了 0.14%、1.27% 和 9.96%。

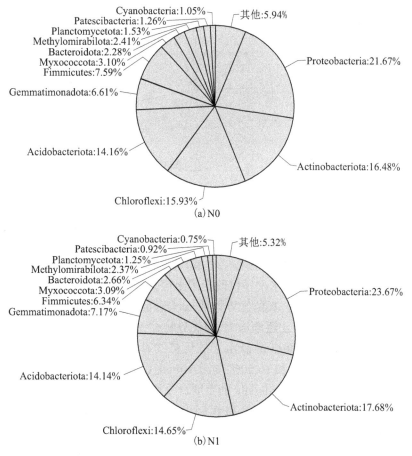

图 3-6　不同施氮水平下耕作层土壤细菌群落组成及物种丰度百分比

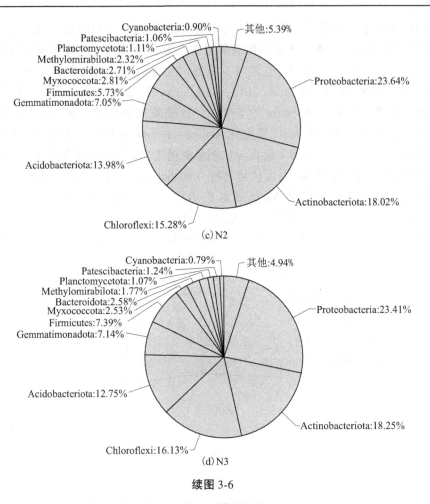

(c) N2

Cyanobacteria:0.90%
Patescibacteria:1.06%
Planctomycetota:1.11%
Methylomirabilota:2.32%
Bacteroidota:2.71%
Myxococcota:2.81%
Fimmicutes:5.73%
Gemmatimonadota:7.05%
其他:5.39%
Proteobacteria:23.64%
Actinobacteriota:18.02%
Chloroflexi:15.28%
Acidobacteriota:13.98%

(d) N3

Cyanobacteria:0.79%
Patescibacteria:1.24%
Planctomycetota:1.07%
Methylomirabilota:1.77%
Bacteroidota:2.58%
Myxococcota:2.53%
Firmicutes:7.39%
Gemmatimonadota:7.14%
其他:4.94%
Proteobacteria:23.41%
Actinobacteriota:18.25%
Chloroflexi:16.13%
Acidobacteriota:12.75%

续图 3-6

3.4.2.2 水氮互作对土壤真菌微生物群落组成的影响

不同灌溉水平下温室番茄滴灌耕作层土壤真菌群落组成及物种丰度百分比如图 3-7 所示。由图 3-7 可知,不同灌溉水平不仅改变了土壤真菌的群落组成,还改变了群落中物种的丰度百分比。增加灌水量,真菌优势物种 unclassified_f__Chaetomiaceae 和 unclassified_f__Microascaceae 的丰度百分比逐渐增大,而优势物种 Mortierella 的丰度百分比有下降趋势。与 I1 灌溉水平比较,I2 和 I3 灌溉水平的优势物种 unclassified_f__Chaetomiaceae 的丰度百分比分别提高了 1.09% 和 16.50%,unclassified_f__Microascaceae 的丰度百分比分别提高了 32.43% 和 41.69%,而 Mortierella 的丰度百分比分别下降了 31.87% 和 17.95%。

不同施氮水平下对温室番茄滴灌耕作层土壤真菌群落组成及物种丰度百分比见图 3-8。由图 3-8 可知,施氮水平不仅对土壤真菌群落组成产生了影响,还改变了群落中物种的丰度百分比。N0 施氮水平下土壤真菌的优势物种为 unclassified_f__Chaetomiaceae（23.94%）、Mortierella（21.52%）、unclassified_f__Microascaceae（7.89%）和 Aspergillus（6.48%）;N1 施氮水平下土壤真菌的优势物种为 unclassified_f__Chaetomiaceae（23.37%）、Mortierella（16.51%）、Plectosphaerella（9.34%）和 unclassified_c__Sordariomycetes（6.03%）;N2 施氮水平下土壤真菌的优势物种为 unclassified_f__Chaetomiaceae（27.37%）、Mortierella（13.13%）、unclassified_f__Microascaceae（15.22%）和 Olpidium（9.16%）；N3 施氮水平下土壤真菌的优势物种为 unclassified_f__Chaetomiaceae（29.79%）、Mortierella（12.60%）和 Olpidium（6.64%）。增施氮肥，优势物种 unclassified_f__Chaetomiaceae 的丰度百分比呈增大趋势（N1 除外），优势物种 Mortierella 的丰度百分比呈减小趋势。增施氮肥降低了真菌物种 Aspergillus 的丰度百分比，提高了 Olpidium 的丰度百分比，但过量施氮（超过 N2 水平），物种 Olpidium 的丰度百分比不提高反而下降。

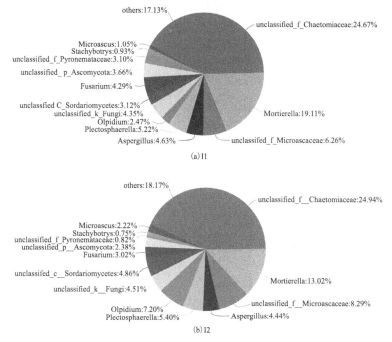

(a) I1

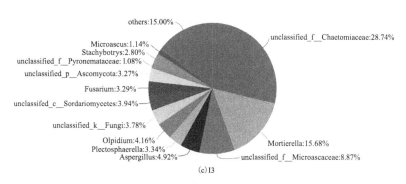

(b) I2

(c) I3

图 3-7　不同灌溉水平下温室番茄滴灌耕作层土壤真菌群落组成及物种丰度百分比

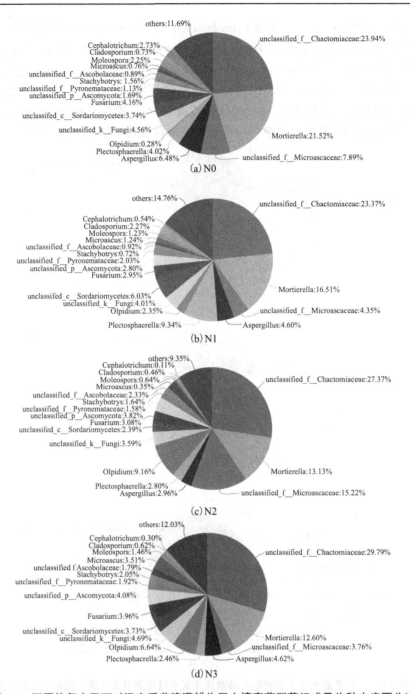

图 3-8 不同施氮水平下对温室番茄滴灌耕作层土壤真菌群落组成及物种丰度百分比

3.4.3　水氮互作对温室番茄耕作层土壤微生物多样性的影响

3.4.3.1　水氮互作对土壤细菌微生物多样性的影响

不同灌溉和施氮水平下耕作层土壤细菌 OTU 相对丰富度指数、ace 丰富度指数和

shannon 多样性指数如图 3-9 所示。由图 3-9 可知,灌溉水平对温室番茄滴灌耕作层土壤细菌 OTU 相对丰富度指数[见图 3-9(f)]及门分类学水平上的 ace 丰富度指数[见图 3-9(e)]和 shannon 多样性指数[见图 3-9(d)]均无显著影响,但三者均有随灌水量的增大而增大的趋势。与 I1 灌溉水平比较,I2 灌溉水平和 I3 灌溉水平的 OTU 相对丰富度指数分别提高了 0.72% 和 1.45%,ace 丰富度指数分别提高了 0.18% 和 2.57%,shannon 多样性指数分别提高了 0.29% 和 0.88%。

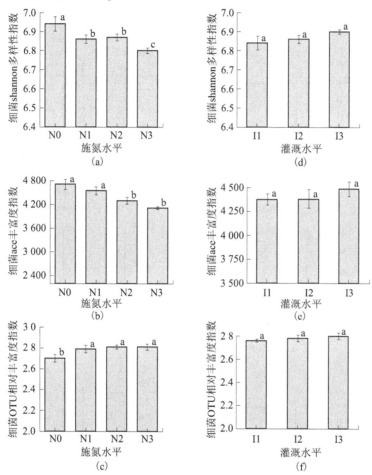

图 3-9　不同灌溉和施氮水平下耕作层土壤细菌 OTU 相对丰富度指数、
ace 丰富度指数和 shannon 多样性指数

施氮水平对温室番茄滴灌耕作层土壤细菌 OTU 相对丰富度指数、ace 丰富度指数和 shannon 多样性指数均产生了显著性影响(见图 3-9)。增施氮肥有利于提高土壤细菌 OTU 相对丰富度指数[见图 3-9(c)],但降低了 ace 丰富度指数[见图 3-9(b)]和 shannon 多样性指数[见图 3-9(a)],与 N0 施氮水平比较,N1 施氮水平、N2 施氮水平和 N3 施氮水平的 OTU 相对丰富度指数分别提高了 3.33%、4.07% 和 4.07%,ace 丰富度指数分别下降了 3.41%、8.72% 和 12.63%,但 N0 施氮水平和 N1 施氮水平间无显著差异,shannon 多样性指数分别下降了 1.30%、0.93% 和 2.03%。分析土壤细菌 ace 丰富度指数和 shannon 多样性指数随着施氮量的增大而降低的原因,可能是增施氮肥导致土壤 pH(见表 3-1)下降。张宇亭(2017)通过研究长期施肥对土壤微生物多样性和抗生素抗性基因积累的影响发现,土壤 pH 下降会导致土壤细菌的丰富度指数和多样性指数降低。

3.4.3.2 水氮互作对土壤真菌微生物多样性的影响

不同灌溉和施氮水平对温室番茄耕作层土壤真菌 OTU 相对丰富度指数、属分类学水平下的 ace 丰富度指数和 shannon 多样性指数的影响见图 3-10。增加灌溉量对土壤真菌 OTU 相对丰富度指数、ace 丰富度指数和 shannon 多样性指数无显著影响,而施氮水平仅对 OTU 相对丰富度指数产生了显著影响,对 ace 丰富度指数和 shannon 多样性指数亦无显著影响。

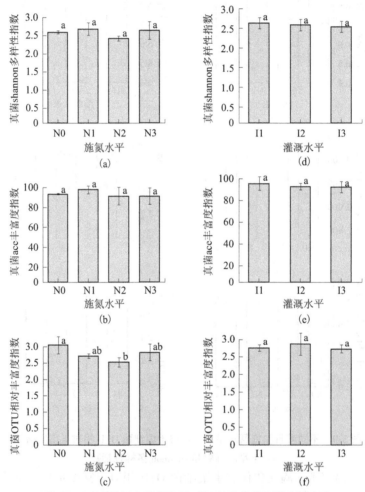

图 3-10 不同灌溉和施氮水平对温室番茄耕作层土壤真菌

OTU 相对丰富度指数、ace 丰富度指数和 shannon 多样性指数的影响

由图 3-10 可知,增加灌水量,土壤真菌 ace 丰富度指数和 shannon 多样性指数有下降趋势,而 OTU 相对丰富度指数呈先增大后减小的变化。适量增施氮肥有助于土壤真菌 ace 丰富度指数和 shannon 多样性指数的提高,但不利于 OTU 相对丰富度指数的提高,土壤真菌 ace 丰富度指数和 shannon 多样性指数均在 N1 施氮水平时最大,与 N0 施氮水平比较,N1 施氮水平的 ace 丰富度指数和 shannon 多样性指数分别提高了 4.77% 和 3.47%,

而 OTU 相对丰富度指数在 N0 施氮水平时最大,但 N0 与 N1 施氮水平间无显著差异,原因可能与脲酶和碱性磷酸酶活性在 N1 施氮水平时最大(见表 3-2)有关。

3.4.4　水氮互作下温室番茄耕作层土壤微生物多样性与土壤环境因子的相关分析

3.4.4.1　土壤细菌微生物多样性与土壤环境因子的相关分析

图 3-11 为温室番茄滴灌耕作层土壤(0~20 cm)细菌 OTU 相对丰富度指数、ace 丰富度指数及 shannon 多样性指数与土壤含水率、土壤铵态氮、硝态氮、全氮和碱解氮含量的相关分析结果。由图 3-11 可知,在本试验条件下,细菌 OTU 相对丰富度指数与土壤含水率[见图 3-11(c)]、土壤硝态氮[见图 3-11(i)]和全氮[见图 3-11(l)]含量均呈显著的开口向下的二次多项式关系,与土壤铵态氮(见图 3-11(f))和碱解氮[见图 3-11(o)]含量无显著性关系。细菌 ace 丰富度指数与土壤含水率[见图 3-11(b)]、土壤铵态氮[见图 3-11(e)]、硝态氮[见图 3-11(h)]、全氮(图 3-11(k))和碱解氮(图 3-11(n))含量均呈显著的二次多项式关系。细菌 shannon 多样性指数与土壤含水率、土壤铵态氮、硝态氮和碱解氮含量均呈显著的二次多项式关系。

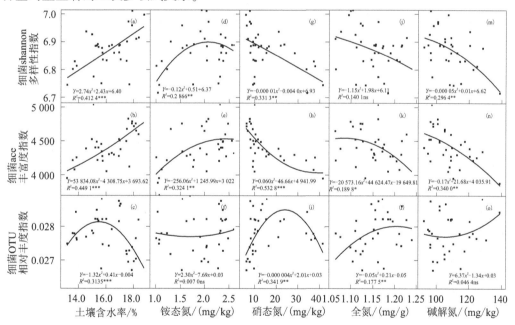

图 3-11　不同灌溉和施氮水平下耕作层土壤细菌 OTU 相对丰富度指数、ace 丰富度指数和 shannon 多样性指数与土壤含水率和土壤养分的关系

3.4.4.2　土壤真菌微生物多样性与土壤环境因子的相关分析

图 3-12 给出了不同灌溉和施氮水平下温室番茄滴灌耕作层土壤(0~20 cm)真菌 OTU 相对丰富度指数、ace 丰富度指数和 shannon 多样性指数与土壤含水率和土壤养分的相关关系。由图 3-12 可以看出,土壤真菌 OTU 相对丰富度指数、ace 丰富度指数及 shannon 多样性指数均与土壤含水率、土壤铵态氮、硝态氮、全氮和碱解氮含量无显著的相关关系。

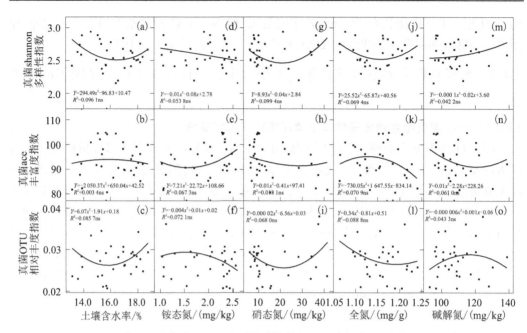

图 3-12　不同灌溉和施氮水平下温室番茄滴灌耕作层土壤真菌 OTU 相对丰富度指数、ace 丰富度指数和 shannon 多样性指数与土壤含水率和土壤养分的相关关系

3.4.5　水氮互作下温室番茄耕作层土壤微生物的物种差异显著性检验

3.4.5.1　土壤细菌微生物的物种差异显著性检验

图 3-13 为不同灌溉和施氮水平耕作层土壤细菌物种差异显著性分析。由图 3-13（a）可知，灌溉水平对温室番茄耕作层土壤细菌在门分类学水平上的物种丰度百分比均无显著影响，但优势物种 Proteobacteria 和 Actinobacteriota 的丰度百分比随灌溉水平的提高均有降低的趋势，而优势物种 Chloroflexi 和 Acidobacteriota 的丰度百分比随灌水量的增大而增大。

施氮水平对温室番茄滴灌耕作层土壤细菌在门分类学水平上的物种丰度百分比的显著性分析见图 3-13（b）。由图 3-13（b）可以看出，施氮水平对土壤细菌优势物种 Proteobacteria、Chloroflexi 和 Acidobacteriota 的丰度百分比均无显著影响，但对优势物种 Actinobacteriota 的丰度百分比产生了显著影响，其随施氮量的增大而增大。优势物种 Proteobacteria 的丰度百分比在 N1 施氮水平时最大，其具有固氮功能，其丰度增加有利于土壤氮素的有效转化，这可能是铵态氮在 N1 施氮水平时最大的原因（见表 3-1）；优势物种 Actinobacteriota 在产生生物活性物质、有机物降解和物质循环中都发挥着举足轻重的作用，有助于番茄生根促根和增产提质等（黄娇，2017）。

3.4.5.2　土壤真菌微生物的物种差异显著性检验

图 3-14 为不同灌溉和施氮水平耕作层土壤真菌物种差异显著性分析。由图 3-14（a）可以看出，灌溉水平对温室番茄耕作层土壤真菌在属分类学水平上的优势物种 unclassified_f__Chaetomiaceae、Mortierella 和 unclassified_f__Microascaceae 的丰度百分比均未产生显著影响。

由图 3-14（b）可以看出,施氮水平仅显著影响土壤真菌优势物种 unclassified＿f＿＿Microascaceae 的丰度百分比,其在 N2 施氮水平时达到最大,为 15.22%,N3 施氮水平时最小,为 3.76%,说明适当增施氮肥可以提高 unclassified_f＿＿Microascaceae 的丰度百分比,但过量施氮会降低其丰度百分比。土壤中 Aspergillus 和 Olpidium 对氮反应比较敏感,施氮量增加会降低 Aspergillus 的丰度百分比,但会提高 Olpidium 的丰度百分比。

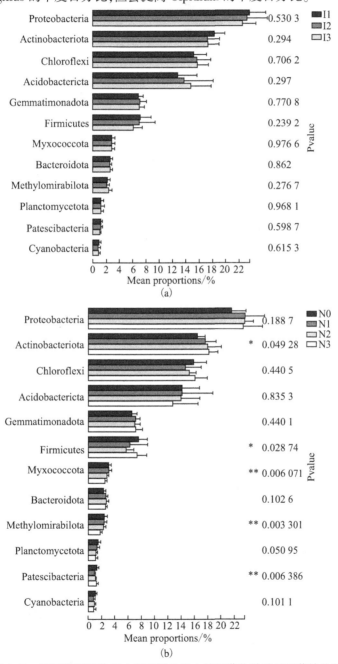

图 3-13　不同灌溉和施氮水平下耕作层土壤细菌物种差异显著性分析

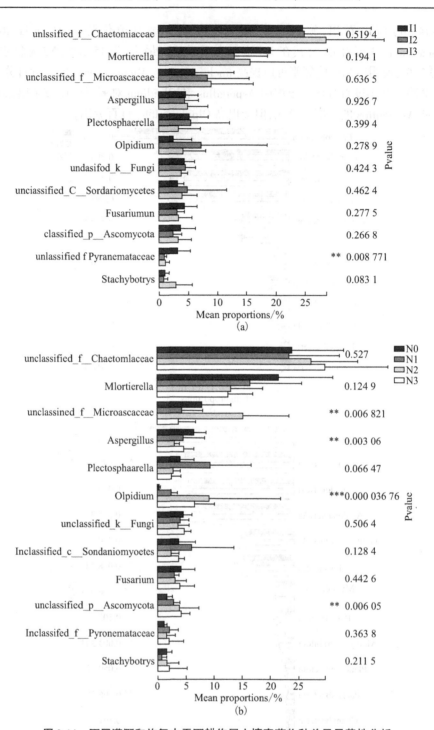

图 3-14　不同灌溉和施氮水平下耕作层土壤真菌物种差异显著性分析

3.4.6　水氮互作下温室番茄耕作层土壤微生物与环境因子的冗余分析

3.4.6.1　土壤细菌与环境因子的冗余分析

不同灌溉和施氮水平下温室番茄耕作层土壤细菌群落结构与对应的土壤含水率、土壤养分和土壤酶活性的冗余分析(redundancy analysis, RDA)结果见图 3-15。由图 3-15 可以看出,不同灌溉[见图 3-15(a)]和施氮水平[见图 3-15(b)]下土壤细菌群落与环境因子 RDA 分析的前两个轴分别解释了 30.18% 和 5.70% 的变异,即两轴共解释了 35.88% 的变异。由图 3-15 门分类学水平上的土壤细菌 RDA 分析结果可知,不同灌溉和施氮水平下土壤细菌优势物种 Actinobacteria 和 Proteobacteria 的相对丰度与土壤碱解氮(AN)、硝态氮(NO_3)、有机质(OM)和全氮(TN)含量及土壤脲酶(SU)和碱性磷酸酶(SALP)活性呈正相关,而与土壤有效磷(AP)含量、pH 和土壤含水率(W)呈负相关;物种 Chloroflexi 的相对丰度与土壤 AP、全磷(TP)和有效钾(AK)含量及 W 呈正相关,而与土壤铵态氮(NH_4)、AN、NO_3、SALP 和 pH 呈负相关;物种 Acidobacteriota 的相对丰度与 W、NH_4、pH 和 AP 呈正相关,而与 SALP、OM、TN、SU、AN、NO_3、土壤蔗糖酶(SS)活性、电导率(EC)和 AK 呈负相关;物种 Gemmatimonadota 和 Myxococcota 的相对丰度与 NH_4、SALP、SU、TN、OM 和 pH 呈正相关,而与 AN、AP 和 S 呈负相关;物种 Firmicutes 的相对丰度与 AK、NO_3、SS、EC 和 AN 呈正相关,与 TP、W、pH、NO_3、SALP 和 AP 呈负相关。以上冗余分析结果表明,由灌溉和施氮引起的土壤铵态氮、电导率、碱解氮、有机质、pH 和硝态氮的变化是土壤细菌菌群相对丰度和微生物结构变化在不同处理土壤中产生差异的最主要原因。

3.4.6.2　土壤真菌与环境因子的冗余分析

不同灌溉和施氮水平下温室番茄滴灌耕作层土壤真菌群落结构与对应的土壤含水率、土壤养分和土壤酶活性 RDA 分析结果见图 3-16,由图 3-16 可以看出,不同灌溉[见图 3-1(a)]和施氮水平[见图 3-16(b)]下土壤真菌群落与环境因子 RDA 分析的前两个轴分别解释了 20.38% 和 8.57% 的变异,即两轴共解释了 28.95% 的变异。由图 3-16 属分类学水平下土壤真菌 RDA 的分析结果可知,不同灌溉和施氮水平下真菌优势物种 unclassified_f__Chaetomiaceae 的相对丰度与 OM、TN、AN、NO_3、SS、EC、TP 和 SALP 呈正相关,而与 SU、AP 和 AK 呈负相关;物种 Olpidium 的相对丰度与 NH_4、OM、NO_3、TN 和 AN 呈正相关,而与 AP、AK、pH、TP、SU、W 和 SALP 呈负相关;物种 unclassified_f__Microascaceae 的相对丰度与 NH_4、NO_3、TN、AN 和 OM 呈正相关,而与 AP、AK、pH 呈负相关;物种 Mortierella 和 Plectosphaerella 的相对丰度与 pH、AP、AK、W 和 SU 呈正相关,与 EC、SS、TN、NO_3 和 OM 呈负相关;物种 Aspergillus 的相对丰度与 AK、AP、W、SU、SALP、TP 和 pH 呈正相关,而与 OM、NH_4、NO_3、TN 和 AN 呈负相关。以上冗余分析结果表明,由灌溉和施氮引起的土壤速效钾、速效磷、有机质、全氮、pH 和电导率的变化是土壤真菌菌群相对丰度和微生物结构变化在不同处理土壤中产生差异的最主要原因。

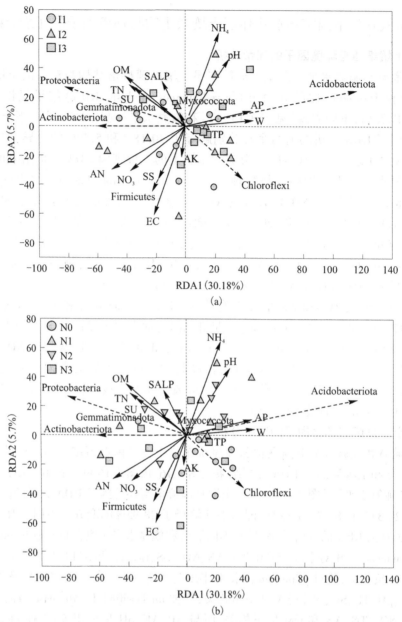

(a)

(b)

注:实线箭头代表土壤数量型环境因子;虚线箭头代表土壤细菌物种名称;SU:土壤脲酶活性,μg/(d·g);SS:土壤蔗糖酶活性,mg/(d·g);SALP:土壤碱性磷酸酶活性,μmol/(d·g);NO₃:硝态氮,mg/kg;OM:有机质,%;TN:全氮,mg/g;EC:电导率,μS/cm;NH₄:铵态氮,mg/kg;AN:碱解氮,mg/kg;AP:速效磷,mg/kg;AK:速效钾,mg/kg;pH:土壤pH。下同。

图 3-15 不同灌溉和施氮水平下温室番茄耕作层土壤细菌群落结构
与对应的土壤含水率、土壤养分和土壤酶活性的冗余分析

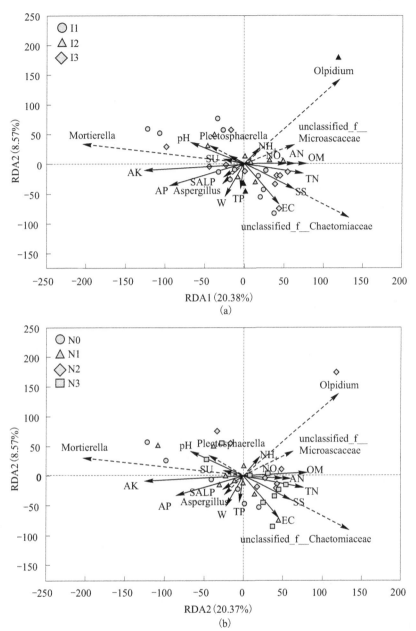

图 3-16　不同灌溉和施氮水平下温室番茄滴灌耕作层土壤真菌群落结构
与对应的土壤含水率、土壤养分和土壤酶活性的 RDA 分析

3.5　小　结

（1）增加灌水量提高了土壤含水率、土壤铵态氮、全氮和速效磷含量，但降低了土壤硝态氮、碱解氮和速效钾的含量。增施氮肥降低了土壤含水率、土壤速效钾和速效磷含量，但提高了土壤硝态氮和碱解氮含量，与 N0 施氮水平比较，N1 施氮水平、N2 施氮水平

和 N3 施氮水平的硝态氮含量分别显著提高了 33.17%、93.42% 和 321.66%，碱解氮含量分别提高了 2.09%、2.77% 和 19.76%，而土壤铵态氮和有机质含量均随施氮量的增大呈先增大后减小的变化，土壤铵态氮在 N1 施氮水平时达到最大，为 2.34 mg/kg，有机质含量在 N2 施氮水平时达到最大，为 1.36%。

(2)灌溉对土壤脲酶活性产生显著影响，施氮对土壤脲酶、蔗糖酶和碱性磷酸酶活性均产生了显著影响。I1 灌溉水平时土壤脲酶、蔗糖酶和碱性磷酸酶活性最大，而土壤脲酶活性在 I2 灌溉水平和 I3 灌溉水平间无显著差异。土壤脲酶和碱性磷酸酶活性随施氮量的增大呈先增大后减小的变化趋势，且均在 N1 施氮水平时最大，与 N1 施氮水平比较，N0 施氮水平、N2 施氮水平和 N3 施氮水平水平的土壤脲酶活性分别显著降低了 10.28%、4.70% 和 3.42%，土壤碱性磷酸酶活性分别显著降低了 15.90%、11.76% 和 12.42%，说明过量施氮会抑制土壤脲酶和碱性磷酸酶的活性，从而弱化尿素和有机磷的有效性，降低了肥料的利用效率。土壤蔗糖酶活性随施氮量的增大而显著增大，与 N0 施氮水平水平比较，N1 施氮水平、N2 施氮水平和 N3 施氮水平的土壤蔗糖酶活性分别提高了 0.79%、11.71% 和 41.63%。

(3)水氮调控下土壤脲酶活性与土壤碱性磷酸酶活性、全氮和有机质含量呈显著正相关关系，与土壤含水率呈显著负相关关系；土壤蔗糖酶活性与土壤硝态氮、碱解氮含量和电导率呈显著正相关关系，而与土壤含水率和土壤铵态氮、速效磷含量及 pH 呈显著负相关关系；土壤碱性磷酸酶活性与土壤全氮和全磷含量呈显著正相关关系。

(4)灌溉和施氮对土壤细菌群落组成均无影响，而对土壤细菌优势物种的丰度百分比和细菌多样性指数产生了影响，但差异不显著。不同水氮供应下土壤细菌的优势物种为 Proteobacteria、Actinobacteriota、Chloroflexi 和 Acidobacteriota。增加灌水量，优势物种 Proteobacteria 和 Actinobacteriota 的丰度百分比有下降趋势，而优势物种 Chloroflexi 和 Acidobacteriota 的丰度百分比有上升趋势，与 I1 灌溉水平比较，I2 灌溉水平和 I3 灌溉水平下优势物种 Proteobacteria 的丰度百分比分别下降了 1.70% 和 4.33%，优势物种 Actinobacteriota 的丰度百分比分别下降了 5.43% 和 4.93%，而优势物种 Chloroflexi 的丰度百分比分别提高了 3.64% 和 3.97%，优势物种 Acidobacteriota 的丰度百分比分别提高了 7.67% 和 15.34%；土壤细菌的多样性指数随灌水量的增加有增大趋势，但无显著性差异。增施氮肥，不同土壤细菌优势物种的丰度百分比变化不一致，优势物种 Proteobacteria 的丰度百分比随施氮量的增大呈先增大后降低的变化趋势，其在 N2 施氮水平时最大；优势物种 Actinobacteriota 的丰度百分比随施氮量的增大而增大，优势物种 Chloroflexi 的丰度百分比随施氮量增大呈先减小后增大趋势，两者均在 N3 施氮水平时最大；优势物种 Acidobacteriota 的丰度百分比随施氮量的增大而降低；与 N0 施氮水平比较，N1 施氮水平、N2 施氮水平和 N3 施氮水平下优势物种 Acidobacteriota 的丰度百分比分别下降了 0.14%、1.27% 和 9.96%，优势物种 Proteobacteria 的丰度百分比分别提高了 9.23%、9.09% 和 8.03%，优势物种 Actinobacteriota 的丰度百分比分别提高了 7.28%、9.34% 和 10.74%。增施氮肥有利于提高土壤细菌 OTU 相对丰富度指数，但降低了 ace 丰富度指数和 shannon 多样性指数。不同水氮供应引起的土壤铵态氮、电导率、碱解氮、有机质、pH 和硝态氮的变化是土壤细菌菌群相对丰度和微生物结构变化在不同处理土壤中产生差异的主要原因。

（5）灌溉和施氮均改变了土壤真菌群落组成和优势物种的丰度百分比，但灌溉对其无显著性影响，而施氮对优势物种 unclassified_f__Microascaceae 的丰度百分比产生了显著影响。不同水氮供应下土壤真菌的优势物种为 unclassified_f__Chaetomiaceae、Mortierella、unclassified_f__Microascaceae 和 Mortierella。增加灌水量，优势物种 unclassified_f__Chaetomiaceae 和 unclassified_f__Microascaceae 的丰度百分比逐渐增大，而优势物种 Mortierella 的丰度百分比有下降趋势，与 I1 灌溉水平比较，I2 灌溉水平和 I3 灌溉水平下优势物种 unclassified_f__Chaetomiaceae 的丰度百分比分别提高了 1.09% 和 16.50%，优势物种 unclassified_f__Microascaceae 的丰度百分比分别提高了 32.43% 和 41.69%，而优势物种 Mortierella 的丰度百分比分别下降了 31.87% 和 17.95%；增加灌水量对土壤真菌多样性指数无显著影响。增施氮肥，优势物种 unclassified_f__Chaetomiaceae 的丰度百分比呈增大趋势（N1 除外），而优势物种 Mortierella 的丰度百分比呈减小趋势。与 N0 施氮水平比较，N1 施氮水平下优势物种 unclassified_f__Chaetomiaceae 的丰度百分比仅下降了 2.38%，N2 施氮水平和 N3 施氮水平下分别提高了 14.33% 和 24.44%，而 N1 施氮水平、N2 施氮水平和 N3 施氮水平下优势物种 Mortierella 的丰度百分比分别下降了 23.28%、38.99% 和 41.45%；增施氮肥导致土壤微生物群落中对氮肥较敏感的真菌数量增加，丰度百分比增至 5% 以上，形成群落结构中的优势物种，例如 N1 施氮水平时物种 Plectosphaerella 和 unclassified_c__Sordariomycetes 转变为优势物种，N2 施氮水平和 N3 施氮水平时物种 Olpidium 转变为优势物种；适量增施氮肥有助于土壤真菌 ace 丰富度指数和 shannon 多样性指数的提高，但不利于土壤真菌 OTU 相对丰富度指数的提高，土壤真菌 ace 丰富度指数和 shannon 多样性指数均在 N1 施氮水平时最大，而土壤真菌 OTU 相对丰富度指数在 N0 施氮水平时最大，但 N0 施氮水平与 N1 施氮水平间无显著差异。不同水氮供应引起的土壤速效钾、速效磷、电导率、pH、有机质和全氮含量的变化是土壤真菌菌群相对丰度和微生物结构变化在不同处理土壤中产生差异的主要原因。

第4章 水氮互作对温室番茄根系生长的影响

植物根系是吸收水分和养分的主要器官,是作物物质生产的基础。植物探索土壤和争夺土壤资源的能力在很大程度上取决于其根系的结构,根系参数变化直接决定根系吸收水分和养分的效率及对逆境的适应能力(王宁 等,2020)。而水和氮是温室土壤获取水分和养分的重要来源,根系生长与灌溉施肥响应及土壤养分浓度密切相关,具有很大的可塑性。大量研究表明,适度干旱可改变根系形态,并提高植株渗透调节、碳氮代谢和酶促防御等方面的能力,对后期生长具有补偿和激发作用(刘吉利 等,2011);施用氮肥是作物生长和获得高产的重要措施,过量施氮极易造成植株旺长、氮素损失及环境污染(Wang et al.,2014;Yin et al.,2014),合理施氮可以促进干旱条件下作物根系生长,提高根系活力和水肥吸收能力,增强植株抗性,从而减轻或恢复由于干旱胁迫而造成的不利影响(张艳 等,2009;王秀波 等,2017)。但是,不同土壤水分条件下氮素可能发挥不同的作用,因此开展水氮互作对温室番茄根系生长的影响研究,对温室番茄资源高效利用的水肥管理具有重要意义。

4.1 水氮互作对温室番茄根系质量的影响

4.1.1 水氮互作对温室番茄根系总质量的影响

2018 年和 2020 年植株正下方、行间和两者之和 0~100 cm 土层深根系总质量变化如图 4-1 所示,由图 4-1 可知,2 年的生长季中,同一施氮水平下,植株正下方根系总质量随灌水量增大呈先增大后减小的变化趋势,在 I2 灌溉水平时最大;行间根系总质量随灌水量增大而减小,在 I1 灌溉水平时最大;植株正下方和行间根系总质量之和随灌水量增大呈先增大后减小的变化,在 I2 灌溉水平时最大;同一灌溉水平下,植株正下方、行间及两者之和根系总质量均随施氮量的增大呈先增大后减小的变化趋势,行间根系总质量在 N1 施氮水平时最大,植株正下方根系总质量在 N2 施氮水平时最大,植株正下方和行间根系总质量之和在 N2 施氮水平时最大。

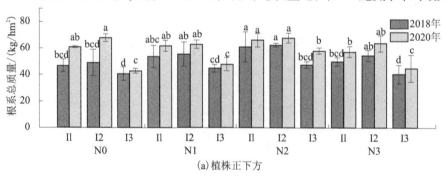

(a)植株正下方

图 4-1 2018 年和 2020 年植株正下方、行间和两者之和 0~100 cm 土层深根系总质量变化

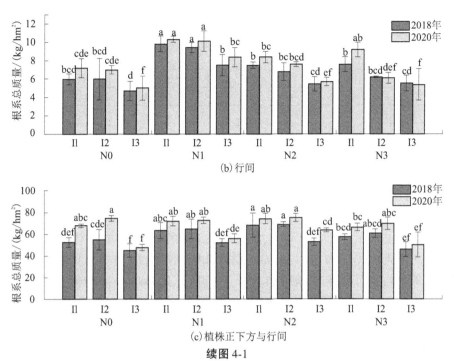

(b) 行间

(c) 植株正下方与行间

续图 4-1

灌溉和施氮对番茄根系总质量影响的方差分析如表 4-1 所示,表 4-1 方差分析结果表明,灌溉和施氮对番茄根系总质量均产生显著影响。就相同施氮水平不同灌溉水平下 2 年根系质量的平均值而言,与 N0 施氮水平比较,N1 施氮水平、N2 施氮水平和 N3 施氮水平下植株正下方根系总质量分别提高了 5.94%、17.67% 和 0.90%,行间根系总质量分别显著提高了 55.08%、15.58% 和 11.71%,植株正下方与行间根系总质量之和分别提高了 11.06%、17.45% 和 2.03%,说明施氮量为 N2 水平时可促进植株正下方根的生长,而施氮量为 N1 时可促进行间根系的生长,而过量施氮(超过 N2)不利于根系的生长;就相同灌溉水平不同施氮水平下 2 年根系质量的平均值而言,与 I3 灌溉水平比较,I1 灌溉水平和 I2 灌溉水平下植株正下方根系总质量分别提高了 24.63% 和 31.82%,行间根系总质量分别显著提高了38.39% 和 24.37%,植株正下方与行间根系总质量之和分别显著提高了 26.21% 和 30.97%,说明适量降低灌水量可促进植株正下方根系的生长,而亏缺灌溉促进了行间根系的生长。

表 4-1　灌溉和施氮对番茄根系总质量影响的方差分析

处理		根系总质量/(kg/hm²)					
		2018 年			2020 年		
		植株正下方	行间	之和	植株正下方	行间	之和
施氮水平	N0	45.39b	5.54b	50.94c	57.05b	6.38b	63.43b
	N1	51.14b	8.90a	60.04ab	57.38b	9.59a	66.97ab
	N2	56.75a	6.56b	63.31a	63.80a	7.22b	71.02a
	N3	48.16b	6.44b	54.60bc	55.21b	6.88b	62.08b
灌溉水平	I1	52.69a	7.70a	60.39a	61.35b	8.75a	70.10a
	I2	55.19a	7.10a	62.29a	65.43a	7.69b	73.12a
	I3	43.21b	5.78b	48.99b	48.29c	6.11c	54.40b

续表 4-1

处理		根系总质量/(kg/hm²)					
		2018 年			2020 年		
		植株正下方	行间	之和	植株正下方	行间	之和
Duncan (p)	N	*	* *	* *	*	* * *	*
	I	* * *	* * *	* * *	* * *	* * *	* * *
	N×I	ns	ns	ns	* *	*	ns

注: * 表示 p<0.05 的显著性, * * 表示 p<0.01 的显著性, * * * 表示 p<0.001 的显著性,ns 表示无显著性,下同。

4.1.2 水氮互作对温室番茄根系质量分布的影响

不同水氮处理下 2 年植株正下方根质量密度(root weight density,RWD)在土壤剖面中的分布情况如图 4-2 所示,由图 4-2 可知,随着土层深度的增加,RWD 整体上逐渐降低,其中90.86%~98.72%的 RWD 分布在 0~40 cm 土层范围内;就相同灌溉水平不同施氮水平下 2 年各土层 RWD 的平均值而言,与 I3 灌溉水平下 0~20 cm、20~40 cm、40~60 cm、60~80 cm 和80~100 cm 的 RWD 比较,I1 灌溉水平的 RWD 分别提高了 22.36%、21.34%、61.98%、106.15%和83.10%,I2 灌溉水平的 RWD 分别提高了 26.86%、49.19%、132.18%、124.93%和 136.11%。同一灌溉水平下,就 2 年各土层 RWD 的平均值而言,I1 灌溉水平和 I2 灌溉水平下 0~60 cm 土层内RWD 在施氮量为 N2 水平时最大,60~100 cm 土层内 RWD 在施氮量为 N1 水平时最大,I3 灌溉水平下 0~80 cm 土层内 RWD 在 N2 施氮水平时最大,80~100 cm 土层 RWD 在 N3 施氮水平时最大;就相同施氮水平不同灌溉水平下 2 年各土层 RWD 的平均值而言,与 N0 施氮水平下 0~20 cm、20~40 cm、40~60 cm、60~80 cm 和 80~100 cm 的 RWD 比较,N1 施氮水平的 RWD 分别提高了 2.11%、23.45%、30.16%和 133.58%和 56.94%,N2 施氮水平的 RWD 分别提高了 13.72%、39.07%、171.34%、89.75%和-26.49%,N3 施氮水平的 RWD 分别提高了 2.32%、-32.73%、5.97%、-23.14%和 25.82%。上述分析表明适度亏缺灌溉(I2)和适量施氮(N1~N2)可显著促进番茄根系的生长发育,其中适度亏缺灌溉可提高各土层范围内的 RWD,适度施氮主要是通过增加20~80 cm范围内 RWD 达到促进植株根系生长的。

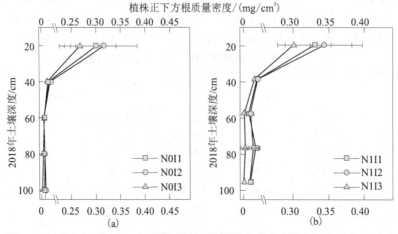

图 4-2 不同水氮处理下 2 年植株正下方根质量密度在土壤剖面中的分布情况

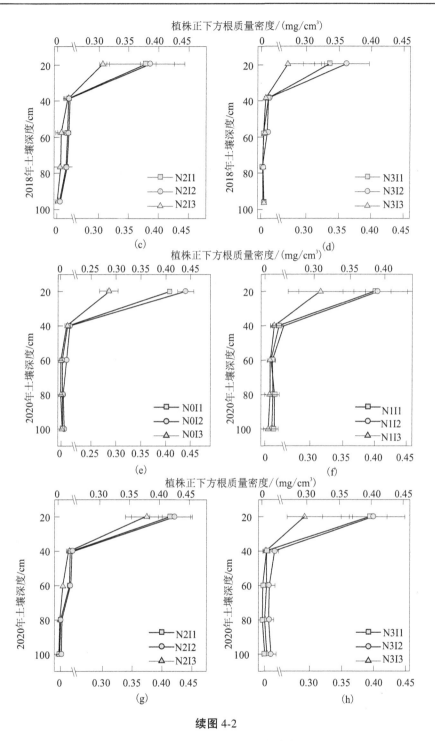

续图 4-2

不同水氮处理下植株行间 RWD 在土壤剖面中的分布如图 4-3 所示,由图 4-3 可知,行间 RWD 随土层深度增加整体上呈减小趋势,就 2 年生长季 RWD 的平均值而言,61.76% ~ 93.94% 的 RWD 分布在 0 ~ 60 cm 土层内,其中 0 ~ 20 cm 土层内 RWD 在 N1I2 时最大,在

N3I1 时最小。同一施氮水平下,0~20 cm 土层内的 RWD 在 I2 处理时最大(2020 年 N3 除外),20~100 cm 土层内行间 RWD 随灌水量增大而降低;就 2 年相同灌溉水平不同施氮水平下行间各土层 RWD 的平均值而言,与 I3 下 0~20 cm、20~40 cm、40~60 cm、60~80 cm 和 80~100 cm比较,I1 的分别提高了-4.08%、50.64%、74.77%、132.28%和219.34%,I2 的分别提高了 10.13%、28.47%、16.27%、62.53%和108.07%,即适量亏缺灌溉(I2)可促进行间 0~100 cm 土层范围内的根系生长,而过量亏缺灌溉(I1)抑制了耕作层(0~20 cm)根系的生长,但促进了 20~100 cm 土层范围内根系的生长。在同一灌溉水平下,各土层 RWD 整体上随施氮量增大呈先增大后减小的变化趋势,就 2 年生长季相同施氮水平不同灌溉水平下 RWD 的平均值而言,与 N0 下 0~20 cm、20~40 cm、40~60 cm、60~80 cm 和 80~100 cm 比较,N1 的分别提高了 5.88%、51.68%、269.70%、223.09%和220.32%,N2 的分别提高了-14.67%、24.51%、100.92%、89.47%和171.01%,N3 的分别提高了-16.28%、28.42%、174.37%、85.62%和245.23%,即适量施氮(N1)可促进行间 0~100 cm 土层根系的生长,而过量施氮(N2、N3)抑制了行间 0~20 cm 土层根系的生长,但促进了 20~100 cm深层土壤根系的生长。

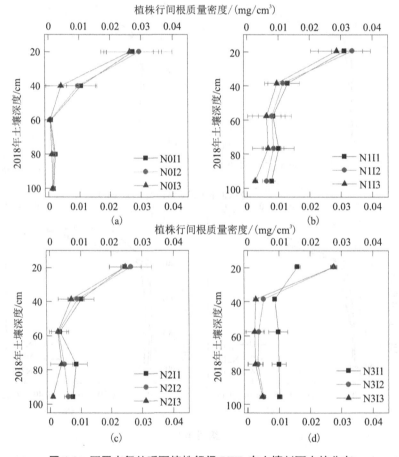

图 4-3 不同水氮处理下植株行间 RWD 在土壤剖面中的分布

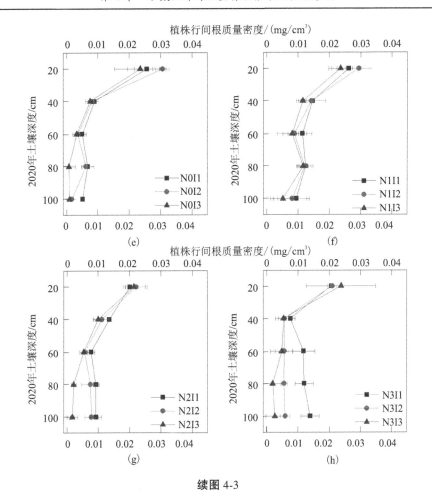

续图 4-3

4.2　水氮互作对温室番茄根长的影响

4.2.1　水氮互作对温室番茄平均根长密度的影响

根长密度(root length density,RLD)在植株吸收土壤水分或养分能力方面起着决定性作用,在反映根系生理生态功能方面较根质量等指标更具有意义。2 年生长季不同水氮处理下 0~100 cm 土层平均根长密度(average root length density, ARLD)和根系平均直径(root average diameter, RAD)的方差分析结果见表 4-2,由表 4-2 可知,灌溉、施氮对 2 年植株正下方、行间及植株正下方和行间 ARLD 的平均值均产生显著影响,而两者交互作用对其均无显著影响。不同水氮处理下植株正下方、行间及植株正下方和行间 ARLD 的平均值的变化见图 4-4,由图 4-4 可知,2 年生长季中,同一施氮水平下,植株正下方 ARLD 随灌水量增加先增加后减小,I2 时达到最大;行间 ARLD 随灌水量增大而减小(除 N0 和 N3外);植株正下方和行间 ARLD 的平均值随灌水量增加先增加后减小,I2 时达到最大;就 2 年相同灌溉水平不同施氮水平下 ARLD 的平均值而言,与 I1 灌溉水平比较,I2 灌溉水平和 I3 灌溉水平植株正下方的 ARLD 分别提高了 21.51% 和 2.26%,行间的 ARLD 分别下降了 4.08% 和 21.09%,植株正下方和行间 ARLD 的均值,I2 灌溉水平的显著提高了 12.68%,I3 灌溉水平的降低了 5.85%。综上所述,适度亏缺灌溉(I2)可显著促进番茄根系的生长,而过量灌溉或过度亏缺灌溉均不利于根系的生长。由图 4-4 还可知,2 年生长季中,同一灌溉水平下,适量施氮可提高番茄的 ARLD,但过量施氮其提高幅度不大甚至下降,就 2 年相同施氮水平不同灌溉水平下 ARLD 的平均值而言,与 N0 施氮水平比较,N1 施氮水平、N2 施氮水平和 N3 施氮水平植株正下方的 ARLD 分别提高了 11.48%、33.61% 和 23.36%,行间的 ARLD 分别提高了 5.93%、23.73% 和 27.12%,植株正下方和行间 ARLD 的平均值分别提高了 9.39%、30.39% 和 24.31%,因此适量施氮(N2)有利于植株正下方及行间根长的生长。

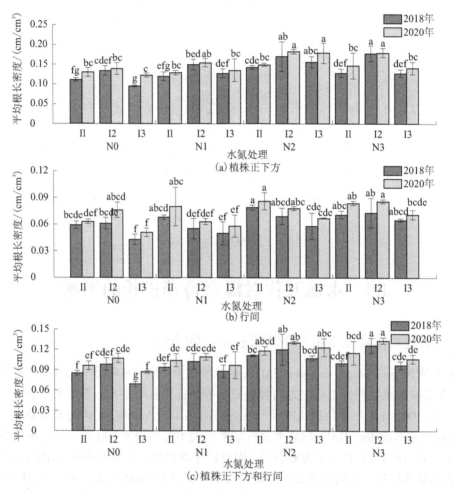

图 4-4 不同水氮处理下植株正下方、行间及植株正下方和行间 ARLD 平均值的变化

表 4-2　2 年生长季不同水氮处理下 0~100 cm 土层平均根长密度和根系平均直径的方差分析

处理		平均根长密度/(cm/cm³) 2018 年			平均根长密度/(cm/cm³) 2020 年			根系平均直径/mm 2018 年			根系平均直径/mm 2020 年		
		植株正下方	行间	均值	植株正下方	行间	均值	植株正下方	行间	均值	植株正下方	行间	均值
施氮水平	N0	0.113c	0.055b	0.084c	0.131b	0.063c	0.097b	0.423b	0.348ab	0.386bc	0.361b	0.286ab	0.323b
	N1	0.132b	0.058b	0.095b	0.140b	0.067bc	0.103b	0.465a	0.378a	0.421a	0.405a	0.313a	0.359a
	N2	0.156a	0.069a	0.112a	0.170a	0.077ab	0.124a	0.439ab	0.368ab	0.404ab	0.334bc	0.313a	0.323b
	N3	0.145ab	0.070a	0.107a	0.156ab	0.080a	0.118a	0.409b	0.334b	0.372c	0.321c	0.279b	0.300b
灌溉水平	I1	0.126b	0.069a	0.097b	0.139b	0.078a	0.108b	0.426b	0.331b	0.378b	0.335b	0.277b	0.306b
	I2	0.158a	0.065a	0.111a	0.164a	0.076a	0.120a	0.472a	0.392a	0.432a	0.395a	0.332a	0.364a
	I3	0.127b	0.054b	0.090b	0.144b	0.062b	0.103b	0.405b	0.348b	0.377b	0.335b	0.284b	0.310b
Duncan (p)	N	**	*	**	*	*	*	*	ns	*	**	*	**
	I	***	***	***	***	***	***	***	**	***	**	*	**
	N×I	ns	ns	ns	ns	ns	ns	ns	ns	ns	ns	ns	ns

4.2.2 水氮互作对番茄根长密度分布的影响

植株正下方 RLD 在 0~100 cm 土壤垂直剖面的分布情况如图 4-5 所示。RLD 随土层深度的增加整体上呈减小趋势,其中 81.53%~88.30% 的 RLD 分布于 0~40 cm,3.37%~9.95% 的 RLD 分布于 40~60 cm。不同土层 RLD 各处理间差异表明,0~20 cm、40~60 cm 土层各处理间 RLD 差异较大,其他土层 RLD 各处理间差异不大。0~20 cm 和 40~60 cm 土层同一施氮水平下,I2 灌溉水平最有利于 RLD 的提高,而过度亏缺灌溉和过量灌溉均不利于其提高。2 年生长季中,在 I1 灌溉水平下,0~20 cm 土层 RLD 随施氮量增大呈先增大后减小的变化趋势,在 N2 施氮水平时达到最大,20~40 cm 土层 RLD 在 N0 施氮水平时最大;在 I2 灌溉水平下,增施氮肥(N2、N3)可提高 0~40 cm 土层的 RLD;在 I3 灌溉水平下,0~20 cm 土层 RLD 随施氮量增大呈先增大后减小的变化,在 N2 施氮水平时达到最大,20~40 cm 土层 RLD 随施氮量增大而增大。

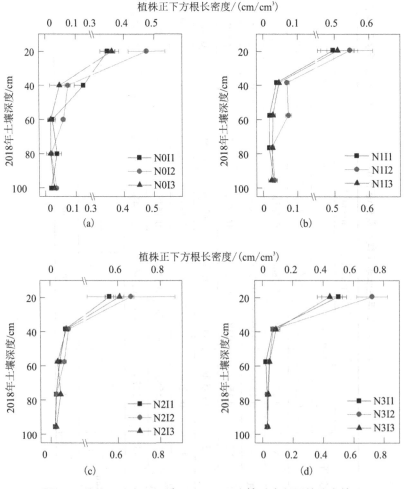

图 4-5　植株正下方 RLD 在 0~100 cm 土壤垂直剖面的分布情况

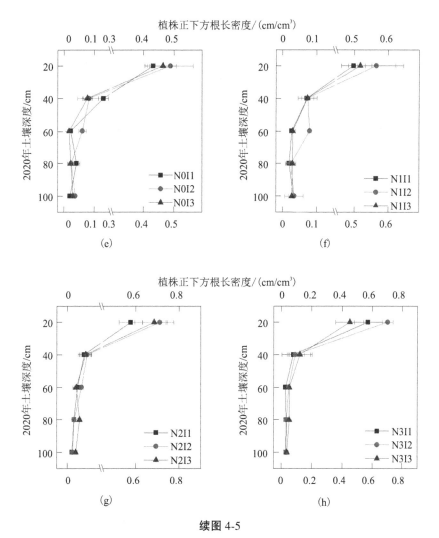

续图 4-5

植株行间 RLD 在 0~100 cm 土壤垂直剖面的分布情况如图 4-6 所示,其中 62.24%~
79.22%的 RLD 分布于 0~40 cm 土层,7.10%~12.44%的 RLD 分布于 40~60 cm 土层。2
年生长季中,N0 施氮水平下,0~40 cm 土层的 RLD 表现为 I2>I1>I3,40~100 cm 土层的
RLD 表现为 I1>I2>I3;N1 施氮水平和 N2 施氮水平下,0~100 cm 土层的 RLD 表现为 I1>
I2>I3;N3 施氮水平下,0~80 cm 土层的 RLD 表现为 I2>I1>I3,80~100 cm 土层的 RLD 表
现为 I1>I2>I3。在 I1 灌溉水平下,适量增施氮肥可提高 0~40 cm 和 60~80 cm 土层的
RLD,而过量施氮(超过 N2)不利于其提高;在 I2 灌溉水平和 I3 灌溉水平下,增施氮肥有
利于各土层 RLD 的提高(除 I2 灌溉水平下 20~40 cm 土层的 RLD 外)。

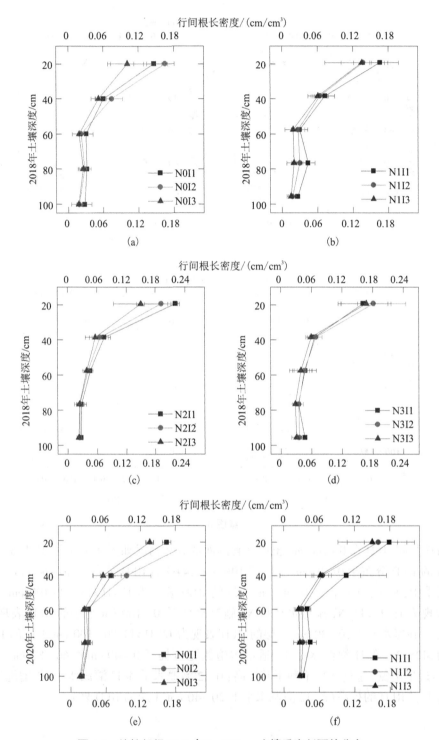

图 4-6　植株行间 RLD 在 0～100 cm 土壤垂直剖面的分布

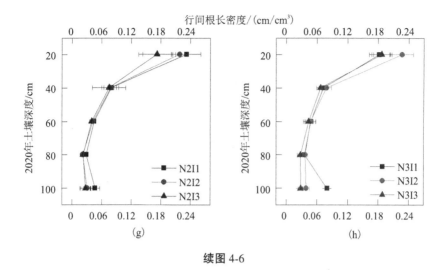

续图 4-6

4.3　水氮互作对温室番茄根系平均直径的影响

灌溉、施氮显著影响 0～100 cm 土层根系平均直径(除 2018 年外),而两者交互作用对其无显著影响(见表 4-2)。图 4-7 为不同水氮处理下根系平均直径的变化,由图 4-7 可知,2 年生长季中,同一施氮水平下,植株正下方 RAD 随灌水量增大呈先增大后减小的变化趋势,在 I2 灌溉水平时达到最大;行间 RAD 在 N0 施氮水平下随灌水量增大有增大趋势,在 N1 施氮水平和 N2 施氮水平下随灌水量增加呈先增加后减小的变化趋势,在 I2 灌溉水平时最大,在 N3 施氮水平下随灌水量增大而减小;就 2 年相同灌溉水平不同施氮水平下 RAD 的均值而言,与 I2 灌溉水平比较,I1 灌溉水平和 I3 灌溉水平下植株正下方的 RAD 分别下降了 12.23% 和 14.65%,行间的 RAD 分别下降 16.02% 和 12.71%,植株正下方和行间 RAD 的平均值分别下降了 14.07% 和 13.69%。同一灌溉水平下,适量施氮(N1)可提高植株正下方和行间 RAD,过量施氮其提高幅度不大甚至降低,就 2 年相同施氮水平不同灌溉水平下 RAD 而言,与 N0 施氮水平比较,N1 施氮水平、N2 施氮水平和 N3 施氮水平植株正下方的 RAD 分别提高了 10.97%、下降了 1.40% 和 6.89%,行间的 RAD 分别提高了 8.99% 和 7.41%、下降了 3.31%,植株正下方和行间 RAD 的平均值分别提高了 10.01% 和 2.54%、下降了 5.22%。即适度亏缺灌溉(I2)有利于番茄植株正下方和行间根系直径的发育,而过度亏缺灌溉(I1)和过量灌溉(I3)对根系直径的生长会产生一定的抑制作用;施氮量为 N1 水平时有利于植株正下方和行间根系直径的生长,而过量施氮均不利于根系直径的生长。

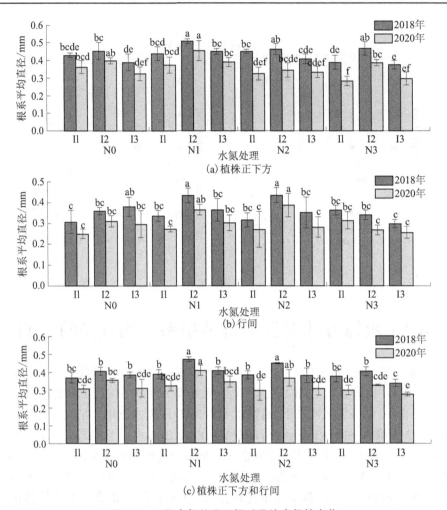

图 4-7　不同水氮处理下根系平均直径的变化

4.4　小　结

（1）适度水分亏缺(I2)有利于番茄植株正下方根系的生长,过度亏缺灌溉(I1)和过量灌溉(I3)均不利于番茄植株正下方根系的生长;而番茄行间根系质量、根长密度、根系直径随水分亏缺程度的增大而增大,但在 I1 灌溉水平和 I2 灌溉水平间无显著差异。施氮量为 300 kg/hm² 时,植株正下方和植株行间根系质量、根长密度和根系直径均较高。

（2）根系质量和根长密度均随土层深度的增大而逐渐减小,其中 90.86%~98.72% 的根系质量和 81.53%~88.30% 的根长密度分布于 0~40 cm 土层中。水分亏缺使番茄植株正下方和行间浅层土壤根系减小,番茄根系深扎,特别是行间根系质量和根长密度在 60 cm 土层以下明显增大。各土层范围内番茄根系质量、根长密度和根系直径均大部分随施氮量增大呈先增大后减小的变化趋势,施氮量超过 300 kg/hm² 时增长幅度不大甚至下降。

第 5 章 水氮互作对温室番茄植株地上生长发育的影响

水和氮是影响番茄生长发育的两个重要因素。水分亏缺会降低植株水势,减小细胞膨压,使叶片气孔关闭,在减少水分散失的同时,也降低了二氧化碳的同化作用,减少了光合产物的累积(Campos et al.,2009),而水分亏缺下植株的直观表现就是植株叶片数、高度和叶面积减小(Rostamza et al.,2011),最终影响生物量的累积、果实产量和品质的形成等。而水分亏缺下增施氮肥可以提高植株的抗旱性(Waraich et al.,2011),降低干旱胁迫对植株生长的负面影响(Sheshbahreh et al.,2011),但过量施氮则会降低生物量累积和产量(李欢欢 等,2019)。因此,开展水氮互作对番茄植株生长发育影响的研究,将有助于明确番茄的水氮需求规律,对农业生产实践中指导番茄科学灌溉施氮管理具有重要意义。

5.1 水氮互作对温室番茄生长指标的影响

5.1.1 水氮互作对温室番茄株高的影响

株高是体现作物生长状况的重要指标之一,图 5-1 显示了 2018 年和 2020 年不同水氮处理下植株株高随移栽后天数的变化。2019 年由于移栽较晚,开花坐果期及成熟期遇特殊天气(高温)时采取了遮棚降温措施,导致番茄生长发育明显异于往年,因此本书仅以 2018 年和 2020 年的番茄为例进行分析。2018 年自苗期末(移栽后 30 d)开始测量株高,随后每隔 10 d 测量一次,试验结束前 20 d 停止测量;2020 年自苗期末(移栽后 25 d)开始测量,随后每隔 15 d 测量一次直至番茄拔秧。由图 5-1 可知,移栽后 30~60 d 为番茄快速生长期,此阶段株高快速增长,移栽后 60~75 d 番茄株高生长缓慢,进入平稳期。移栽 75 d 后由于植株进行了打顶,加之植株逐渐衰老,株高有下降趋势。

番茄打顶后,其株高基本上已接近其生长的最大值。图 5-2 为 2018~2020 年不同水氮处理下温室番茄打顶后约一周(2018 年、2019 年和 2020 年分别为移栽后 84 d、78 d 和 89 d)的株高情况。由图 5-2 可知,3 年试验中株高最大的处理均为 N3I3,其值分别为 144.17 cm、147.70 cm 和 147.35 cm;最小的处理均为 N0I1,其值分别为 127.63 cm、126.90 cm 和 133.80 cm。就相同灌溉水平下 3 年株高的平均值而言,株高随灌水量的增大而增大,与 I1 灌溉水平比较,I2 灌溉水平和 I3 灌溉水平的株高分别提高了 3.03% 和 6.14%;就相同施氮水平下 3 年株高的平均值而言,株高随施氮量的增大而增大,与 N0 施氮水平比较,N1 施氮水平、N2 施氮水平和 N3 施氮水平的株高分别提高了 3.70%、5.23% 和 5.42%。

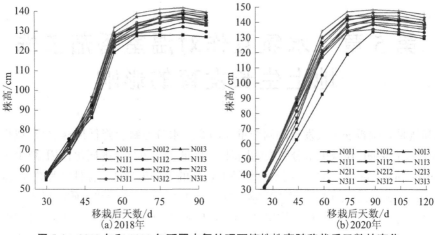

图 5-1　2018 年和 2020 年不同水氮处理下植株株高随移栽后天数的变化

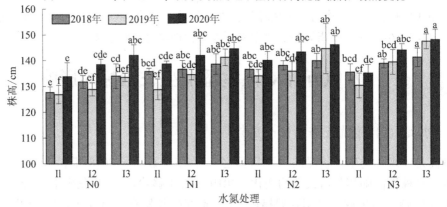

图 5-2　2018~2020 年不同水氮处理下温室番茄打顶后约一周的株高情况

灌溉水平为 I1 时,适当增施氮肥可提高番茄株高,但施氮量超过 N2 水平则不利于株高的提高甚至有下降趋势,说明在干旱胁迫下适量增施氮肥可以提高植株的抗旱性(Waraich et al.,2011),降低干旱胁迫对作物生长的负面影响(Rostamza et al.,2011;Sheshbahreh et al.,2019),但过量施氮会使作物遭受渗透胁迫,导致作物吸收水分和养分困难,最终抑制作物的正常生长(吴立峰 等,2015);灌溉水平为 I2 和 I3 时,株高随施氮量的增大而显著增大。

5.1.2　水氮互作对番茄叶面积指数的影响

叶面积指数(LAI)是体现作物生长状况的另一重要指标,图 5-3 为 2018 年和 2020 年不同水氮处理下温室番茄 LAI 随移栽后天数的变化。由图 5-3 可知,移栽后 30~70 d 为番茄叶片的快速生长期,LAI 随生育期的推进而快速增长,移栽后 70~90 d 番茄叶片生长缓慢,进入平稳期;移栽 90 d 以后,随着植株逐渐衰老,下部叶片逐渐变黄和脱落,导致 LAI 逐渐下降。因此,番茄叶片的生长呈现出“苗期缓慢生长→开花坐果期快速生长→成熟期达到最大→成熟采摘后期衰老减小”的变化特征。

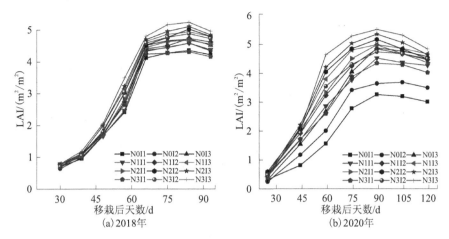

图 5-3 2018 年和 2020 年不同水氮处理下温室番茄 LAI 随移栽后天数的变化

苗期,2018 年各处理的 LAI 差异不大,N0I1 处理的最小;2020 年除 N0 外其他处理间 LAI 差异不大,N0 施氮水平下 3 个灌溉水平的 LAI 均小于其他处理,原因是经连续 3 年水氮定位试验后,不施氮区的土壤养分有明显下降,致使 N0 施氮水平的番茄植株叶片窄小、发黄,植株生长弱小。快速生长期,2018 年 LAI 在各处理中的差异逐渐增大;2020 年 LAI 在各处理中均产生了较大的差异,N0I1 处理和 N0I2 处理的 LAI 显著小于其他处理的 LAI,N0I3 处理的 LAI 与其他处理间差异逐渐减小,原因可能是随着生育期推进,番茄植株根系深扎和逐渐增多,可以吸收更深土层的养分来弥补前期由于根系不发达吸收养分受限的影响,使番茄枝叶繁茂生长。平稳期至衰老期,2018 年 LAI 在各处理中产生了较明显的差异,最大的处理为 N3I3,最小的处理为 N3I1,原因可能是高氮低水处理使番茄遭受到一定程度的渗透胁迫(吴立峰 等,2015),影响了植株的正常生长;2020 年 LAI 在各处理中仍存在较大差异,LAI 最大和最小的处理分别为 N3I3 和 N0I1,两年试验 LAI 最小处理不一致是由连续 3 年水氮定位试验使不施氮区土壤养分逐年下降及亏缺灌溉严重影响了作物的正常生长发育所致。

图 5-4 为 2018~2020 年不同水氮处理下温室番茄打顶后约一周(2018 年、2019 年和 2020 年分别为移栽后 84 d、78 d 和 89 d)的 LAI 观测结果。由图 5-4 可知,3 年试验中 LAI 最大的处理均为 N3I3,其值分别为 5.24 m^2/m^2、5.14 m^2/m^2 和 5.51 m^2/m^2;2018 年 LAI 最小的处理为 N3I1(4.31 m^2/m^2),但与 N0I1 处理的(4.36 m^2/m^2)比较无显著差异,2019 年和 2020 年 LAI 最小的处理均为 N0I1,其值分别为 3.46 m^2/m^2 和 3.26 m^2/m^2,且在 N0 施氮水平下,LAI 随着试验年度的增加而逐年下降。就相同灌溉水平下 3 年 LAI 的平均值而言,LAI 随灌水量的增大而显著提高,与 I1 灌溉水平比较,I2 灌溉水平和 I3 灌溉水平的 LAI 分别提高了 8.25% 和 17.26%;就相同施氮水平下 3 年 LAI 的平均值而言,LAI 随施氮量的增大呈先增大后减小的变化趋势,其中在 N2 施氮水平时达到最大,与 N0 施氮水平比较,N1 施氮水平、N2 施氮水平和 N3 施氮水平的 LAI 分别提高了 12.86%、16.98% 和 12.65%。

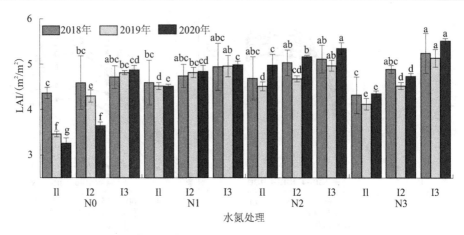

图 5-4 2018～2020 年不同水氮处理下温室番茄打顶后约一周的 LAI 观测结果

灌溉水平为 I1 时,适当增施氮肥可以提高番茄 LAI,但施氮量超过 N2 水平时则不利于 LAI 的提高甚至有下降趋势,说明在干旱胁迫下改善植株养分状况可以提高植株的抗旱性(WARAICH et al.,2011),降低干旱胁迫对作物生长的负面影响(Rostamza et al.,2011;Sheshbahreh et al.,2019),但过量施氮会使作物遭受渗透胁迫,导致作物吸收水分和养分困难,最终抑制作物的正常生长(吴立峰 等,2015);灌溉水平为 I2 时,2018 年、2019年和 2020 年的 LAI 均随施氮量的增大呈先增大后减小的变化趋势,其中最大值分别在N2(5.03 m²/m²)、N1(4.81 m²/m²)和 N2(5.16 m²/m²)水平;灌溉水平为 I3 时,2018 年、2019 年和 2020 年的 LAI 随施氮量的增大而增大,均在 N3 水平时达到最大,其值分别为5.24 m²/m²、5.14 m²/m² 和 5.51 m²/m²。

5.1.3 水氮互作对温室番茄生物量的影响

2018～2020 年灌溉、施氮及水氮交互作用对番茄地上部分生物量影响的方差分析结果见表 5-1。由表 5-1 可知,灌溉、施氮及水氮交互作用对三年地上部分生物量均产生了极显著影响(p<0.001)。就灌溉水平而言,3 年试验地上部分生物量均随灌水量的增大而显著增大,与 I1 灌溉水平的地上部分生物量比较,2018 年 I2 和 I3 灌溉水平的地上部分生物量分别提高了6.00% 和 9.60%,2019 年的地上部分生物量分别提高了 5.71% 和10.49%,2020 年的地上部分生物量分别提高了 12.76% 和 18.86%;就施氮水平而言,3 年试验地上部分生物量均随施氮量增大呈先增大后减小的变化趋势,其中在 N2 施氮水平时最大,与 N2 施氮水平地上部分生物量比较,2018 年 N0 施氮水平、N1 施氮水平和 N3 施氮水平的地上部分生物量分别下降了 10.79%、4.51% 和 1.60%,2019 年的地上部分生物量分别下降了 14.09%、3.51% 和 1.78%,2020 年的地上部分生物量分别下降了 13.87%、0.40% 和 0.38%。

表 5-1　2018～2020 年灌溉、施氮及水氮交互作用对番茄地上部分生物量影响的方差分析

单位:kg/hm²

处理		2018 年	2019 年	2020 年
施氮水平	N0	10 215.93c	9 793.29d	10 571.98b
	N1	10 935.09b	10 999.86c	12 224.79a
	N2	11 451.60a	11 399.91a	12 274.14a
	N3	11 268.73ab	11 196.91b	12 227.19a
灌溉水平	I1	10 425.82c	10 291.61c	10 696.99c
	I2	11 051.12b	10 879.78b	12 061.77b
	I3	11 426.58a	11 371.09a	12 714.82a
Duncan	N	0.000 5	0.000 0	0.000 0
	I	0.000 0	0.000 0	0.000 0
	N×I	0.000 0	0.000 1	0.000 0

图 5-5 表示了 2018～2020 年不同水氮处理下温室番茄地上部分生物量的变化。由图 5-5 可知,3 年试验地上部分生物量最大的处理均为 N3I3,其值分别为 12 490.96 kg/hm²、12 353.92 kg/hm² 和13 964.62 kg/hm²;2018 年地上部分生物量最小的处理为 N3I1,其值为 9 704.00 kg/hm²,2019 年和 2020 年地上部分生物量最小的处理均为 N0I1,其值分别为 9 336.26 kg/hm² 和9 193.89 kg/hm²。2018 年、2019 年和 2020 年地上部分生物量最小的处理不一致是因连续三年水氮定位试验使不施氮区的土壤养分逐年下降,再加之亏缺灌溉,严重影响了植株的正常生长发育(见图 5-1~图 5-4)。在 I1 灌溉水平时,3 年试验地上部分生物量均随施氮量的增大呈先增大后减小的变化趋势,其中在 N2 水平时达到最大,2018 年、2019 年和 2020 年的地上部分生物量分别为11 451.60 kg/hm²、11 399.91 kg/hm² 和12 274.14 kg/hm²;在 I2 灌溉水平和 I3 灌溉水平时,3 年试验地上部分生物量均随施氮量的增大而显著增大。

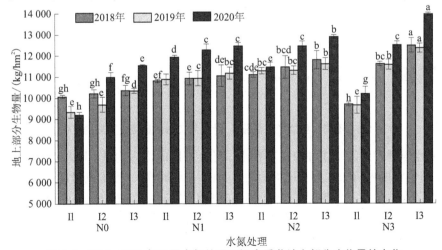

图 5-5　2018～2020 年不同水氮处理下温室番茄地上部分生物量的变化

5.2 水氮互作对温室番茄植株含水量的影响

水分是植物体内含量最多的物质,在植物生命活动中具有重要的作用。同一植物生活在不同环境中,其植株含水量存在较明显的差异;同一植株中,不同器官或不同组织的含水量存在的差异也较大。本书以 2020 年为例分析水氮互作下番茄植株各部位含水量随生育期的变化。不同水氮处理下番茄茎、叶和果实含水量随生育期的变化如图 5-6 所示。由图 5-6 可知,整个生育期内果实含水量、茎含水量和叶含水量的变化范围分别为 90.91%(N3I1)~94.77%(N0I3)、84.75%(N3I1)~93.47%(N0I3)和 84.80%(N0I1)~88.95%(N3I3)。

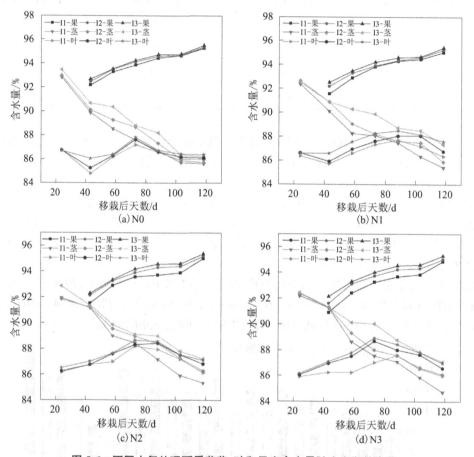

图 5-6 不同水氮处理下番茄茎、叶和果实含水量随生育期的变化

不同水氮处理的温室番茄植株茎含水量随生育期的推进均呈下降趋势。任一施氮水平下,番茄生育期内植株茎含水量均随灌水量的增大而增大,且施氮量越高,不同灌溉水平间植株茎含水量的差异越明显,但不同施氮量对植株茎含水量的影响则无明显规律。

不同水氮处理的温室番茄植株叶含水量随生育期的推进呈先增大后减小的变化趋势。苗期(移栽后约 24 d)因未进行水分处理,植株叶含水量在各处理间无显著差异;在移栽后约 43 d 起,任一施氮水平下,不同灌溉处理间的番茄植株叶含水量差异逐渐增大;

在移栽后 74~89 d 植株叶含水量达到最大。在任一施氮水平下,整个生育期内植株叶含水量均随灌水量的增大而增大;在任一灌溉水平下,整个生育期内除苗期和拔秧期外,增施氮肥均提高了番茄植株叶含水量。

不同水氮处理的温室番茄果实含水量随着生育期的推进均呈逐渐增大的趋势,果实成熟期时达到最大。在所有处理中,整个生育期内均是 N0I3 处理的果实含水量最大,N3I1 处理的果实含水量最小。任一施氮水平下,番茄果实含水量均随灌水量的减少而降低,其中 N3 施氮水平下不同灌溉水平对果实含水量的影响较大[见图 5-6(d)],原因可能是亏缺灌溉时过量施氮导致作物根际的土壤渗透压增大,致使番茄植株需要更多的能量来维持细胞含水量,从而使蒸腾作用和养分吸收能力下降(Lahoz et al.,2016;Sheshbahreh et al.,2019)。任一灌溉水平下,整个生育期内果实含水量均随施氮量的增大而减小。

5.3　水氮互作对温室番茄生理特性的影响

5.3.1　水氮互作对温室番茄叶片叶绿素相对含量(SPAD)的影响

叶绿素是绿色植物进行光合作用的核心,其含量大小可间接反映光合能力的强弱(潘瑞炽等,2012)。本书基于 2018 年和 2020 年番茄开花坐果期(分别为移栽后 55 d 和 48 d)和成熟期(分别为移栽后 95 d 和 100 d)的观测结果,分析不同水氮处理对番茄叶片 SPAD 的影响。

2018 年和 2020 年灌溉和施氮对开花坐果期和成熟期番茄叶片 SPAD 影响的方差分析见表 5-2,由表 5-2 可知,灌溉、施氮及水氮交互作用对 2018 年番茄叶片的 SPAD 均无显著性影响,而施氮和水氮交互作用对 2020 年番茄叶片 SPAD 产生了显著影响,其原因可能是连续 3 年水氮定位试验使试验区处理间的土壤含氮量差异逐年增大,而氮是叶绿素的重要组成成分,与 SPAD 呈显著的正相关关系(李岚涛 等,2020)。增加灌水量有利于番茄叶片 SPAD 的提高,但无显著影响。2018 年番茄叶片 SPAD 随施氮量增大呈先增大后减小的变化趋势,但无显著影响;2020 年番茄叶片 SPAD 随施氮量增大而增大,与 N0 施氮水平比较,N1 施氮水平、N2 施氮水平和 N3 施氮水平的番茄叶片 SPAD 分别显著提高了 14.66%、14.75% 和 16.70%。

表 5-2　2018 年和 2020 年灌溉和施氮对开花坐果期和成熟期番茄叶片 SPAD 影响的方差分析

处理		开花坐果期		成熟期	
		2018 年	2020 年	2018 年	2020 年
施氮水平	N0	47.51a	42.16c	52.92c	52.09c
	N1	47.84a	48.34b	55.13bc	55.34b
	N2	47.32a	48.38b	59.02ab	56.17b
	N3	47.46a	49.20a	61.11a	58.95a
灌溉水平	I1	46.97a	46.75a	58.05a	55.93ab
	I2	47.84a	47.12a	58.23a	56.64a
	I3	47.79a	47.18a	54.86b	54.34b
Duncan	N	0.922 6	0.000 0	0.008 5	0.005 3
	I	0.472 7	0.411 5	0.037 9	0.024 4
	N×I	0.619 5	0.000 0	0.781 0	0.286 2

灌溉和施氮对 2018 年和 2020 年成熟期番茄叶片 SPAD 影响的方差分析结果表明：灌溉和施氮对 SPAD 均产生显著影响，但水氮交互作用对 SPAD 无显著影响（见表 5-2）。适当增加灌水量有助于番茄叶片 SPAD 的提高，在 I2 灌溉水平时 SPAD 最大，2018 年和 2020 年分别为 58.23 和 56.64。增施氮肥显著提高了番茄叶片 SPAD，与 N0 施氮水平的 SPAD 比较，2018 年 N1 施氮水平、N2 施氮水平和 N3 施氮水平的 SPAD 分别提高了 5.84%、13.30% 和 17.32%，2020 年的分别提高了 6.24%、7.83% 和 13.17%。

5.3.2　水氮互作对温室番茄叶片生理特性的影响

选择果实成熟期（2018 年移栽后 80 d，2020 年移栽后 83 d）晴朗无云日对不同灌溉水平和施氮水平下温室番茄叶片净光合速率（P_n）、蒸腾速率（T_r）、气孔导度（G_s）和水分利用效率（WUE_Y）进行测定（见表 5-3）。方差分析结果表明：灌溉显著影响叶片的 P_n、T_r、G_s 和叶片水分利用效率（WUE_Y），施氮仅显著影响 P_n 和 WUE_Y，水氮交互作用对 P_n、T_r、G_s 和 WUE_Y 均无显著影响。

由表 5-3 可知，随着灌水量的增加，P_n、T_r、G_s 均呈增大趋势，而 WUE_Y 呈减小趋势，与 I1 灌溉水平两年试验的平均值比较，I2 灌溉水平和 I3 灌溉水平的 P_n 分别提高了 3.03% 和 5.92%，T_r 分别提高了 5.91% 和 11.35%，G_s 分别提高了 18.32% 和 25.19%，WUE_Y 分别降低了 3.13% 和 6.71%。增施氮肥可以提高番茄叶片 P_n 和 WUE_Y，但降低了 T_r，与 N0 施氮水平两年试验的平均值比较，N1 施氮水平、N2 施氮水平和 N3 施氮水平的 P_n 分别提高了 2.44%、6.41% 和 9.49%，WUE_Y 分别提高了 5.54%、12.59% 和 17.63%，N1 的 T_r 变化不显著，N2 和 N3 的 T_r 分别降低了 5.21% 和 6.15%，而施氮对 G_s 无显著影响。

2020 年番茄叶片的 P_n、T_r 和 G_s 均大于 2018 年的观测结果，可能是由两年试验气候差异引起的，而 WUE_Y 表现为 2018 年的显著大于 2020 年的，是因为 2020 年的叶片 P_n 比 2018 年仅提高了 23.83%~36.20%，而 T_r 比 2018 年提高了 74.09%~103.19%。由于番茄是营养生长和生殖生长同步进行的作物，不同穗果实被遮阴的面积和厚度不同，因此每穗果实所处的小气候环境可能存在一定的差异。图 5-7 以盛果期（移栽后 91 d）N3I1 和 N3I2 处理的番茄植株为例，分析穗层对果实对位叶叶片的 P_n、T_r、WUE_Y、G_s、光合有效辐射（PAR）和冠层温度（T_c）的影响。结果表明：盛果期（移栽后 91 d），N3I1 和 N3I2 处理的 P_n、T_r、WUE_Y、G_s、PAR 和 T_c 均随穗层的增加而增加，与第 1 穗比较，N3I1 处理第 2、第 3、第 4、第 5 穗的番茄叶片 P_n 值分别提高了 32.65%、58.68%、123.42% 和 138.74%，T_r 分别提高了 27.11%、47.34%、73.35% 和 80.27%，WUE_Y 分别提高了 2.72%、5.97%、27.95% 和 31.62%，G_s 分别提高了 33.34%、86.89%、125.13% 和 172.59%，PAR 分别提高了 32.36%、268.11%、575.80% 和 1351.39%，T_c 分别提高了 0.34%、0.80%、1.08% 和 1.94%；N3I2 处理第 2、第 3、第 4、第 5 穗番茄叶片的 P_n 值分别提高了 14.95%、52.62%、104.94% 和 121.56%，T_r 分别提高了 10.61%、40.82%、63.74% 和 78.32%，WUE_Y 分别提高了 2.41%、8.85%、23.18%、22.29%，G_s 分别提高了 12.34%、35.44%、57.61% 和 78.80%，PAR 分别提高了 50.30%、151.79%、754.91% 和 1849.97%，T_c 分别提高了 0.63%、1.21%、2.10% 和 3.50%。

表 5-3　2018 年和 2020 年不同水氮处理对温室番茄叶片净光合速率(P_n)、蒸腾速率(T_r)、气孔导度(G_s)和水分利用效率(WUE_Y)的影响

因素		P_n/[μmol CO$_2$/(m²·s)]		G_s/[mol H$_2$O/(m²·s)]		T_r/[mmol H$_2$O/(m²·s)]		WUE_Y(μmol CO$_2$/mmol H$_2$O)	
		2018 年	2020 年	2018 年	2020 年	2018 年	2020 年	2018 年	2020 年
N0	I1	19.85f	26.96g	0.58d	0.73e	8.43cde	16.07cde	2.36de	1.68ef
	I2	20.58ef	27.98ef	0.69abcd	0.86abc	8.72bcd	16.50bc	2.36de	1.64ef
	I3	21.27cdef	28.47def	0.72ab	0.92a	9.54a	16.82ab	2.24e	1.63f
N1	I1	20.45ef	27.77fg	0.60cd	0.74e	8.15de	16.56bc	2.51bcd	1.81cd
	I2	21.07def	28.56def	0.62bcd	0.77cde	8.59cd	16.83ab	2.47cde	1.72de
	I3	21.77bcde	29.02def	0.68abcd	0.85abc	9.20abc	17.25a	2.37de	1.68ef
N2	I1	22.08bcd	28.09ef	0.63bcd	0.75de	8.05de	14.10f	2.74ab	1.87bc
	I2	22.57abc	28.78cde	0.65abcd	0.80bcde	8.46cde	15.81bcd	2.67abc	1.82c
	I3	23.63a	29.26cd	0.65abcd	0.86abc	9.38ab	16.33bcd	2.52bcd	1.79cd
N3	I1	21.71cde	29.57bc	0.68abcd	0.80bcde	7.70e	14.31f	2.82a	2.07a
	I2	22.63abc	30.28b	0.71abc	0.84abcd	8.43cde	15.52e	2.7abc	1.95b
	I3	23.19ab	31.51a	0.75a	0.88ab	9.20abc	16.25bcd	2.52bcd	1.94b
施氮水平	N0	20.57b	27.80c	0.67a	0.84a	8.89a	16.47a	2.32b	1.65d
	N1	21.10b	28.45b	0.63a	0.79a	8.65a	16.88b	2.45b	1.74c
	N2	22.76a	28.71b	0.64a	0.80a	8.63a	15.41b	2.64a	1.83b
	N3	22.51a	30.45a	0.71a	0.84a	8.44a	15.36b	2.68a	1.99a
灌溉水平	I1	21.02b	28.10c	0.58b	0.73c	8.08c	15.26c	2.61a	1.86a
	I2	21.71ab	28.90b	0.69a	0.86b	8.55b	16.17b	2.55a	1.78b
	I3	22.46a	29.57a	0.72a	0.92a	9.33a	16.66a	2.41b	1.76b
Duncan (p)	N	0.001 3	0.000 1	0.260 9	0.332 1	0.291 4	0.000 5	0.003 3	0.000 0
	I	0.005 9	0.000 0	0.032 1	0.000 1	0.000 0	0.000 0	0.016 2	0.001 6
	N×I	0.999 3	0.779 2	0.759 6	0.522 2	0.973 0	0.008 4	0.947 6	0.829 2

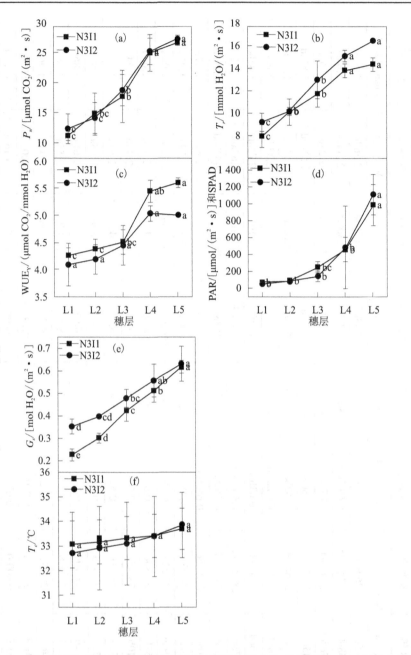

图 5-7　盛果期 N3I1 和 N3I2 处理番茄叶片净光合速率(P_n)、蒸腾速率(T_r)、叶片水分利用
效率(WUE_Y)、气孔导度(G_s)、光合有效辐射(PAR)和冠层温度(T_c)在穗层间的变化

果实成熟末期(移栽后 110 d) N3I1 处理番茄果实对位叶叶片的 P_n、T_r、WUE_Y、G_s、PAR、T_c 和叶绿素相对含量(SPAD)在穗层间的变化如图 5-8 所示。由图 5-8 可知,与第 1 穗比较,N3I1 处理第 2、第 3、第 4、第 5 穗的番茄叶片 P_n 值分别提高了 155.97%、205.51%、232.15%和236.38%,T_r 分别提高了 44.47%、63.61%、68.19%和72.71%,WUE_Y 分别提高了 66.12%、78.98%、88.25%和90.52%,G_s 分别提高了 40.46%、70.16%、101.51%

和 125.58%，PAR 分别提高了 98.39%、316.85%、704.88% 和 1 848.57%，T_c 分别提高了 0.28%、0.43%、0.51% 和 0.62%，SPAD 分别提高了 14.41%、30.65%、44.41% 和 61.51%。SPAD 随穗层的增大而增大，是因为叶龄随穗层的降低而加大，而下部叶片随着生育期的推进逐渐衰老，衰老叶片中 SPAD 逐渐转移至幼叶中。

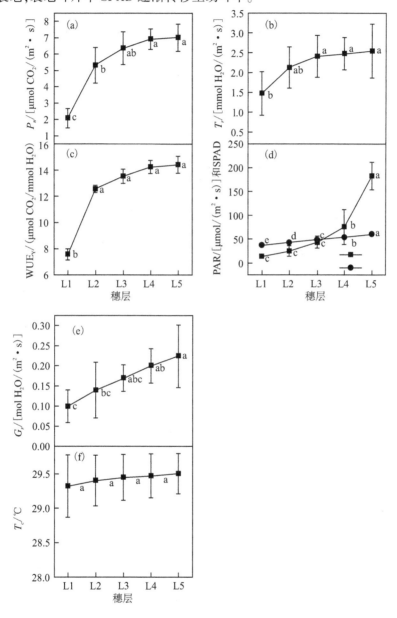

图 5-8　果实成熟末期 N3I1 处理番茄叶片净光合速率（P_n）、蒸腾速率（T_r）、叶片水分利用效率（WUE_Y）、气孔导度（G_s）、光合有效辐射（PAR）、冠层温度（T_c）和叶绿素相对含量（SPAD）在穗层间的变化

综上所述,任何生育阶段任一处理的番茄叶片的 PAR、P_n、T_r 和 T_c 均随穗层的增大而增大。N3I1 成熟后期的生理指标(除 WUE_Y)均小于果实成熟中期的,一方面可能是随着生育期的推进植株叶片逐渐衰老引起的,另一方面可能是由两生育期的气候条件不同造成的。

5.4　温室番茄果实生长特性及影响因子

5.4.1　果实生长随开花后天数的变化过程

番茄果实生长的直观表现是果实大小的变化。衡量果实形态的指标有果实横径、纵径、果径和体积。通过分析 2020 年不同灌溉水平适量施氮水平(N2)下番茄果实生长随开花后天数的变化(见图 5-9)可知,在 I1 灌溉水平、I2 灌溉水平和 I3 灌溉水平下,果实体积、横径、纵径和果径随开花后天数的变化规律均符合 $y = A2 + (A1 - A2)/[1 + (x/x0)^p]$ 的 Logistic 曲线函数,且拟合效果均达到极显著水平($p < 0.001$),其决定系数的平均值分别为 0.990 6、0.995 2 和 0.992 0。因此,果实生长与开花后天数的 Logistic 函数拟合效果为 I2 灌溉水平的优于 I3 灌溉水平的,I3 灌溉水平的优于 I1 灌溉水平的。

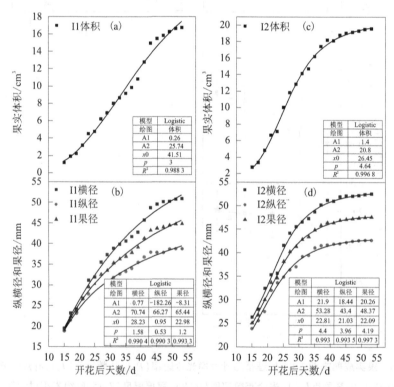

图 5-9　2020 年不同灌溉水平适量施氮水平(N2)下番茄果实生长随开花后天数的变化

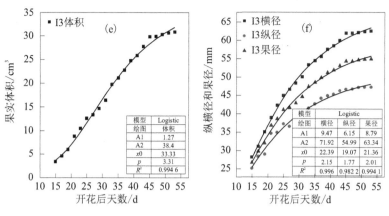

续图 5-9

通过分析 2020 年适量灌溉水平(I2)不同施氮水平下番茄果实生长随开花后天数的变化(见图 5-10)可知,在 N0 施氮水平、N1 施氮水平、N2 施氮水平和 N3 施氮水平下,果实的体积、横径、纵径和果径随开花后天数的变化规律也均符合 Logistic 曲线函数,且拟合效果均达到极显著水平($p<0.001$),其决定系数的平均值分别为 0.993 7、0.993 6、0.995 7 和 0.995 6。这说明任一施氮水平下果实生长与开花后天数均呈极显著的 Logistic 函数关系。

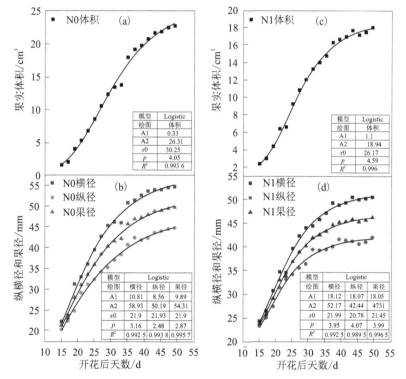

图 5-10　2020 年适量灌溉水平(I2)不同施氮水平下番茄果实生长随开花后天数的变化

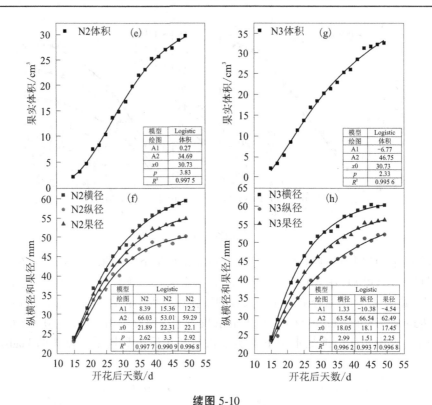

续图 5-10

5.4.2　果实生长随开花后有效积温的变化过程

番茄属喜温作物,尤其是果实生长发育受温度影响较大,且温度适应范围较广,有研究表明,番茄果实发育的起点温度即下限温度为 10 ℃(Lahoz et al.,2016),上限温度为 35 ℃(卢兴孟,2011)。温度过高会造成果实生长发育不良,不能正常坐果,并易造成畸形果实等,而温度过低则会使果实生长发育停止等。因此,温度作为番茄生长的重要影响因素,对番茄果实的生长发育具有积极作用。

分析 2020 年适量施氮水平(N2)不同灌溉水平下番茄果实生长随开花后有效积温的变化(见图 5-11)可知,在 I1[见图 5-11(a)、(b)]、I2[见图 5-11(c)、(d)]和 I3[见图 5-11(e)、(f)]水平下,番茄果实体积、横径、纵径和果径随开花后有效积温的增大呈先逐渐增大而后趋于平稳的规律,其与开花后有效积温的拟合效果均达到极显著水平($p<0.001$),且拟合结果均符合 Logistic 曲线函数。此外,I1、I2 和 I3 灌溉水平下果实体积、横径、纵径和果径与开花后天数的决定系数的平均值分别为 0.989 6、0.995 6 和 0.993 3。因此,果实生长与开花后有效积温的 Logistic 函数拟合效果为 I2 灌溉水平的优于 I3 灌溉水平的,I3 灌溉水平的优于 I1 灌溉水平的。

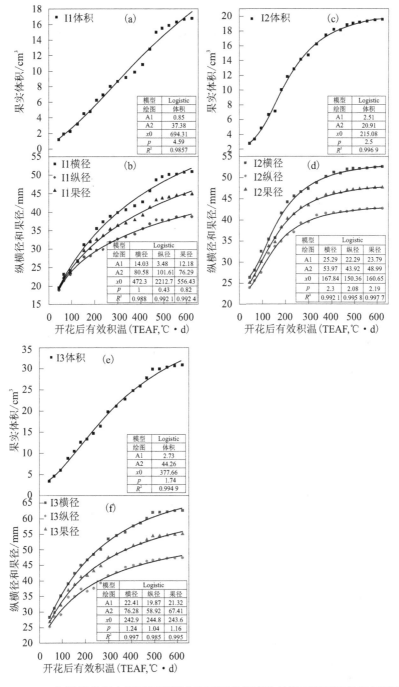

图 5-11　2020 年适量施氮水平不同灌溉水平下番茄果实生长随开花后有效积温的变化

2020 年适量灌溉水平(I2)不同施氮水平下番茄果实生长随开花后有效积温的变化如图 5-12 所示,在 N0 施氮水平[见图 5-12(a)、(b)]、N1 施氮水平[见图 5-12(c)、(d)]、N2 施氮水平[见图 5-12(e)、(f)]和 N3 施氮水平[见图 5-12(g)、(h)]下,番茄果实体积、横径、纵径和果径随开花后有效积温的变化规律均符合 Logistic 曲线函数,且拟合效果均达到极显著水平,其决定系数的平均值分别为 0.995 2、0.994 4、0.996 2 和 0.995 8。这说明任一施氮水平下番茄果实生长与开花后有效积温均呈极显著的 Logistic 曲线函数关系。

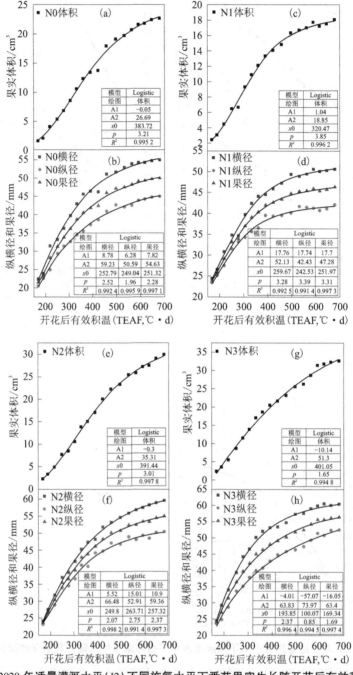

图 5-12 2020 年适量灌溉水平(I2)不同施氮水平下番茄果实生长随开花后有效积温的变化

5.4.3 果实生长随开花后总的光合有效辐射的变化过程

番茄属喜光作物之一。光合有效辐射是用于植株光合作用的光能,增加光合有效辐射有利于提高植株叶片的净光合速率。植株的"源"越强,越有利于果实"库"的提高,最终影响果实的形态。

2020 年不同灌溉水平下番茄果实形态(体积、横径、纵径和果径)随开花后总的光合有效辐射的变化如图 5-13 所示。由图 5-13 可以看出,在 I1 灌溉水平[见图 5-13(a)、(b)]、I2 灌溉水平[见图 5-13(c)、(d)]和 I3 灌溉水平[见图 5-13(e)、(f)]下,番茄果实体积、横径、纵径和果径随开花后总的光合有效辐射的增加呈先逐渐增大而后趋于平稳的趋势,其与开花后总的光合有效辐射的拟合效果均达到极显著水平($p<0.001$),其决定系数的平均值分别为 0.982 1、0.994 9 和 0.987 9,且拟合结果均符合 Logistic 函数曲线,其中 I2 灌溉水平的拟合效果优于 I3 灌溉水平的,I3 灌溉水平的优于 I1 灌溉水平的。

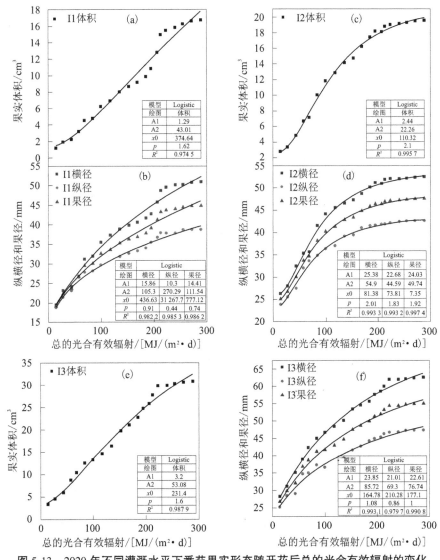

图 5-13　2020 年不同灌溉水平下番茄果实形态随开花后总的光合有效辐射的变化

2020 年适量灌溉水平(I2)不同施氮水平下番茄果实生长随开花后总的光合有效辐射的变化如图 5-14 所示。由图 5-14 可知,在任一施氮水平下果实体积、横径、纵径和果径

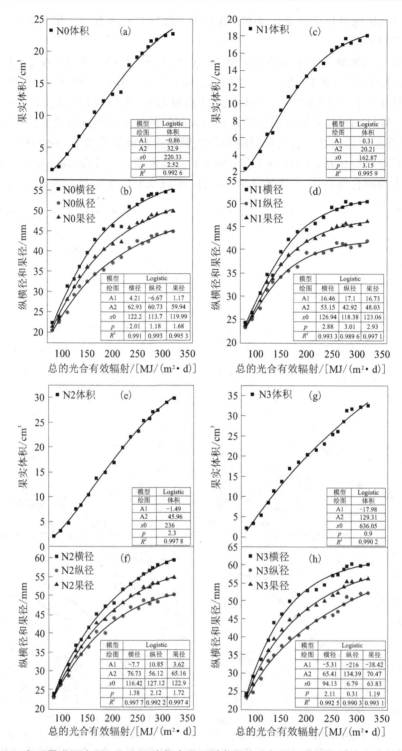

图 5-14　2020 年适量灌溉水平(I2)不同施氮水平下番茄果实生长随开花后总的光合有效辐射的变化

随开花后总的光合有效辐射均呈极显著的 Logistic 函数曲线,且拟合效果均达到极显著水平,其决定系数的平均值分别为 0.993 2、0.994 0、0.996 3 和 0.991 5。

5.4.4　生育期内果实横径与其他形态指标的关系

番茄果实横径测量过程简单、方便、快捷,对果实伤害较小。有研究表明,游标卡尺测量的果实横径与照片分析得到的果实横径的相关系数大于果实纵径的,且横径的误差小于纵径的(陈金亮,2016),因此果实横径更具有代表性。

图 5-15 分析了 2019 年和 2020 年番茄开花坐果期至成熟期第 2 穗果实体积、纵径和果径与横径的关系。由图 5-15 可知,生育期内果实体积与果实横径呈极显著的二次多项式关系[见图 5-15(a)、(b)],两年试验决定系数 R^2 的平均值高达 0.989 4;果实纵径和果径与横径的关系均呈极显著的线性正相关关系,两年试验决定系数 R^2 的平均值分别为0.946 8和0.989 6。因此,证明用番茄果实横径可以较好地表征番茄的外观形态指标。

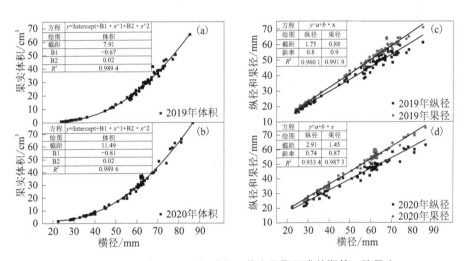

图 5-15　2019 年和 2020 年番茄开花坐果期至成熟期第 2 穗果实
体积、纵径和果径与横径的关系

5.4.5　果实鲜重与果实横径的关系

通过分析 2019 年和 2020 年番茄开花坐果至成熟期第 2 穗果实横径与鲜重的关系[见图 5-16(a)、(b)]及成熟期果实鲜重和横径的关系[见图 5-16(c)、(d)]可知,两年试验,无论是开花坐果至成熟前的青果还是成熟期的红果,果实鲜重与果实横径均呈极显著的二次多项式关系,2019 年的决定系数 R^2 分别为 0.884 3 和 0.951 8,2020 年的决定系数 R^2 分别为 0.949 3 和 0.930 9。

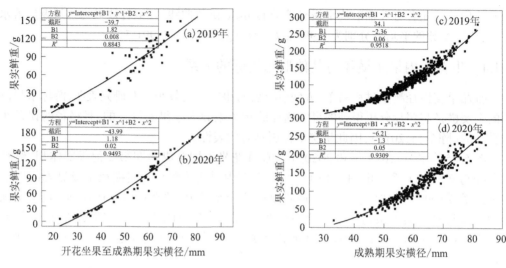

图 5-16　2019 年和 2020 年番茄开花坐果至成熟期和成熟期第 2 穗果实鲜重与横径的关系

5.5　小　结

（1）番茄株高、叶面积指数和生物量均随灌水量的增大而增大。在亏缺灌溉（I1）条件下，适当增施氮肥可以促进番茄株高和叶片的生长及生物量的累积，但施氮量超过 N2 水平不利于番茄株高和叶面积指数的提高及生物量的累积，甚至有下降趋势；在 I2 灌溉水平下，株高和生物量累积量随施氮量的增大而显著增大，叶面积指数随施氮量的增大呈先增大后减小的变化趋势；在 I3 灌溉水平下，株高、叶面积指数和生物量累积量均随施氮量的增大而增大。

（2）番茄果实含水量随生育期的推进逐渐增加，至成熟时最大，植株茎含水量随生育期的推进呈下降趋势，植株叶含水量随生育期的推进呈先增大后减小的变化趋势，其中在移栽后约 74 d 达到最大。在开花坐果初期番茄植株茎含水量大于果实的含水量，果实的含水量大于叶的含水量，移栽后约 43 d 果实的含水量大于茎的含水量，茎的含水量大于叶的含水量，移栽后约 75 d 植株叶含水量接近茎含水量。

（3）番茄植株净光合速率、气孔导度和蒸腾速率均随灌水量的增大而显著增大，叶片水分利用效率随灌水量的增大而显著减小，适量灌溉有利于提高叶片叶绿素相对含量。番茄叶片的净光合速率、水分利用效率和叶绿素相对含量均随施氮量的增大而增大，叶片气孔导度和蒸腾速率随施氮量的增大呈先增大后减小的变化趋势。番茄植株叶片的净光合速率、蒸腾速率、水分利用效率、气孔导度、光合有效辐射和冠层温度均随穗层的增加而增加。

（4）番茄果实体积、横径、纵径和果径均随生育进程的推进逐渐增加，成熟期达到最大，呈现出"S"形曲线的变化趋势；果实体积、横径、纵径和果径与开花后天数、开花后有效积温及开花后总的光合有效辐射均呈极显著的 Logistic 曲线函数关系；无论是开花坐果至成熟前的青果，还是成熟期的红果，番茄果实体积与横径均呈极显著的二次多项式关系，果实纵径和果径与横径均呈极显著的线性正相关关系；果实鲜重与横径均呈极显著的二次多项式关系。

第 6 章 水氮互作对温室番茄产量和水氮利用效率的影响

灌溉、施氮与番茄生长和产量的形成密切相关,是番茄生产过程中可控的重要农艺措施。许多研究结果表明,无论是分阶段还是整个生育期实施灌水处理,减少灌水量均降低了番茄产量,但提高了水分利用效率(Chen et al., 2013; Liu et al., 2019);适当增施氮肥有助于提高产量和水分利用效率,但过量施氮则会降低产量,且不利于水分利用效率的提高(Hartz et al., 2009; Zotarelli et al., 2009; Waraich et al., 2011; Badr et al., 2016; Du et al., 2017),并造成大量的硝态氮淋失、地下水污染和氮肥利用率下降等问题(Ju et al., 2009; Song et al., 2009; Zhang et al., 2011)。本章利用三年试验数据,分析了不同水氮互作对日光温室番茄耗水量、产量和水氮利用效率的影响,以期为日光温室番茄节水、节肥、优质高效的灌溉施氮管理模式的制订提供一定的理论依据。

6.1 温室番茄生育期内的小气候变化特征

温室内的小气候状况是影响番茄植株生长发育和水分消耗的重要因素。2018~2020 年温室番茄生育期内的日均太阳总辐射(R_s)、空气温度(T_a)、空气相对湿度(RH)和饱和水汽压差(VPD)的逐日变化和不同生育阶段变化情况如图 6-1 和表 6-1 所示。

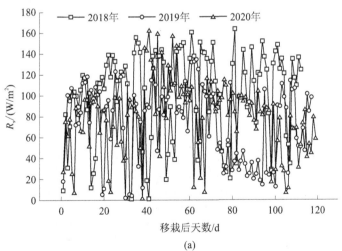

(a)

图 6-1 2018~2020 年温室番茄生育期内日均太阳总辐射(R_s)、空气温度(T_a)、空气相对湿度 RH 及饱和水汽压差 VPD 的逐日变化

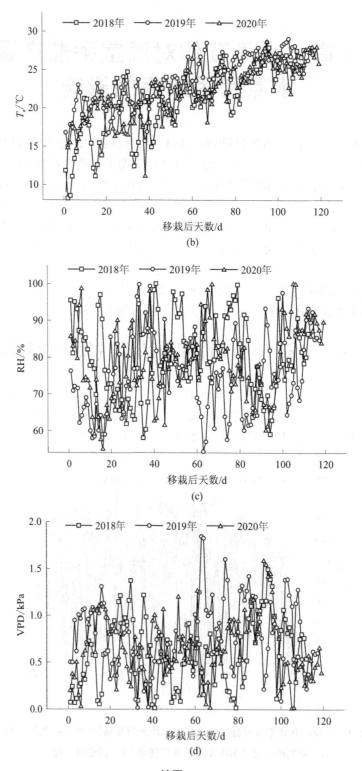

(b)

(c)

(d)

续图 6-1

表 6-1　2018~2020 年温室番茄生育期内的日均太阳总辐射(R_s)、空气温度(T_a)、空气相对湿度(RH)
和饱和水汽压差(VPD)不同生育阶段的变化情况

年份	生育阶段	$R_s/(W/m^2)$	$T_a/℃$	RH/%	VPD/kPa
	苗期	93.97	17.45	76.89	0.59
2018	开花坐果期	106.27	21.61	84.85	0.46
	成熟期	104.29	24.71	78.77	0.77
	全生育期	101.24	21.12	80.05	0.61
	苗期	85.24	19.96	69.35	0.80
2019	开花坐果期	89.83	22.45	78.15	0.68
	成熟期	52.74	26.67	75.48	0.87
	全生育期	74.76	23.37	74.86	0.78
	苗期	75.06	18.38	75.43	0.64
2020	开花坐果期	97.04	22.18	81.16	0.60
	成熟期	69.79	25.64	81.07	0.69
	全生育期	79.66	22.06	79.11	0.64

　　2018 年番茄于 3 月 4 日移栽,春季外界太阳辐射强度随着时间推进逐渐增强,因此苗期温室内太阳总辐射和温度随生育期的推进逐渐增强。苗期温室内日均太阳总辐射为 1.24~155.70 W/m²,阶段日均值为 93.97 W/m²;日均温度为 8.22~24.81 ℃,阶段日均值为 17.45 ℃;日均空气相对湿度为 58.04%~98.26%,阶段日均值为 76.89%;日均饱和水汽压差为 0~1.36 kPa,阶段日均值为 0.59 kPa。番茄于 4 月 13 日(移栽后 41 d)进入开花坐果期,该生育阶段太阳辐射逐渐增强,并逐渐趋于稳定,最大日均值达到 160.65 W/m²,阶段日均值为 106.27 W/m²;随着生育进程的推进,温室内温度逐渐升高,最大日均值为 26.67 ℃,阶段日均值为 21.61 ℃;随着番茄植株营养生长逐渐旺盛,作物耗水量也逐渐增大,此外由于华北地区昼夜温差大,为防止夜晚温度降低过大,因此日出开始通风,日落关闭通风,所以开花坐果期温室内的空气相对湿度一般都维持在较高水平(73.01%~98.26%),阶段日均值为 84.85%,是三个生育阶段中空气相对湿度最大的,致使温室内的饱和水汽压差较小,阶段日均值是三个生育阶段中最小的,仅为 0.46 kPa。番茄于 5 月 19 日(移栽后 77 d)进入果实成熟期,在该生育阶段太阳辐射强度略有下降,与开花坐果期阶段日均值比较,下降了 1.86%;温室内日均温度进一步升高,阶段日均值为 24.71 ℃,与开花坐果期阶段日均温度比较,提高了 14.35%;但此阶段空气相对湿度略有下降,原因是随着温度的升高,尽管番茄植株生长发育健壮,耗水量较大,但由于外界夜间温度的升高,白天风口开启时间长,甚至到果实成熟后期风口昼夜开启,导致此阶段的空气相对湿度略有下降;由于果实成熟期日均温度逐渐升高和日均空气相对湿度降低,因此果实成熟期温室内饱和水汽压差增大,最大日均值为 1.49 kPa,阶段日均值为 0.77 kPa。移栽 98 d 至果实成熟末期,饱和水汽压差整体下降,是由该阶段空气温度趋于平稳而空气相对湿度整体

升高所致。

2019 年番茄于 3 月 20 日移栽,苗期内日均太阳总辐射为 18.08～123.22 W/m²,阶段日均值为 85.24 W/m²;日均温度为 15.06～24.13 ℃,阶段日均值为 19.96 ℃;日均空气相对湿度为 58.03%～85.49%,阶段日均值为 69.35%;日均饱和水汽压差为 0.31～1.30 kPa,阶段日均值为 0.80 kPa。由于本年度番茄移栽较晚,且为大苗移栽,苗期温度较高,故番茄提前进入开花坐果期(移栽后 30 d),该生育阶段太阳总辐射逐渐增强,日均太阳总辐射为 3.66～134.90 W/m²,阶段日均值为 89.83 W/m²;随着生育期的推进,温度逐渐升高,日均温度为 15.78～28.58 ℃,阶段日均值为 22.45 ℃;日均空气相对湿度为 54.40%～99.96%,阶段日均值为 78.15%,是三个生育阶段中最大的(原因同 2018 年),而较大的空气相对湿度造成了温室内较小的饱和水汽压差(阶段日均值为 0.68 kPa)。番茄于 5 月 31 日(移栽后 71 d)进入果实成熟期,日均太阳总辐射为 15.11～114.66 W/m²,阶段日均值为 52.74 W/m²,是三个生育阶段中最小的,原因是该阶段空气温度较高,为保证番茄正常坐果,在高温天气于中午 11:30～15:30 采取了遮棚降温措施;日均温度为 23.74～29.06 ℃,阶段日均值为 26.67 ℃,是三个生育阶段中最大的;日均空气相对湿度为 57.55%～97.54%,阶段日均值为 75.48%;日均饱和水汽压差为 0.21～1.60 kPa,阶段日均值为 0.87 kPa。果实成熟期,高温天气较频繁,通风口昼夜开启,加之温室外空气相对湿度较低,致使该阶段温室内空气相对湿度较低,饱和水汽压差较大。

2020 年番茄于 3 月 4 日移栽,温室内日均太阳总辐射随生育期的推进呈先增大后减小的变化趋势,在果实成熟末期太阳总辐射显著下降,是因为该阶段阴雨天较多;日均温度、日均空气相对湿度和日均饱和水汽压差随生育阶段的变化规律与 2018 年相似,苗期、开花坐果期和果实成熟期的阶段日均太阳总辐射分别为 75.06 W/m²、97.04 W/m² 和 69.79 W/m²,阶段日均温度分别为 18.38 ℃、22.18 ℃ 和 25.64 ℃,阶段日均空气相对湿度分别为 75.43%、81.16% 和 81.07%,阶段日均饱和水汽压差分别为 0.64 kPa、0.60 kPa 和 0.69 kPa。

综上所述,3 年试验温室环境小气候存在年际差异,与 2018 年三个生育阶段(苗期、开花坐果期和果实成熟期)的阶段日均太阳总辐射比较,2019 年分别下降了 9.29%、15.47%、49.43%;2020 年分别下降了 20.12%、8.69% 和 33.08%;与 2018 年日均温度比较,2019 年分别提高了 14.38%、3.89% 和 7.93%,2020 年分别提高了 5.33%、2.64% 和 3.76%。3 年试验中,番茄三个生育阶段的阶段日均温度均逐渐增大,但日均空气相对湿度均在开花坐果期最大,导致 3 年试验日均饱和水汽压差在开花坐果期最小,在果实成熟期最大。2019 年各生育阶段的阶段日均饱和水汽压差最大,是因为 2019 年温室内阶段日均温度均大于 2018 年和 2020 年的阶段日均温度,但其阶段日均空气相对湿度均小于 2018 年和 2020 年的日均空气相对湿度。

6.2　水氮互作对温室番茄耗水量的影响

温室番茄耗水量受番茄植株生长发育状况、温室小气候状况、灌溉水平和施氮水平的共同影响。表 6-2 展示了 2018 年和 2020 年灌溉、施氮及水氮交互作用对番茄各生育阶段及全生育期耗水量(ET)和耗水强度(ET_{Daily})的影响。

表 6-2　2018 年和 2020 年灌溉、施氮及水氮交互作用对番茄各生育阶段及全生育期耗水量（ET，mm）和耗水强度（ET_{Daily}，mm/d）的影响

处理		2018 年								2020 年							
		苗期		开花坐果期		成熟期		全生育期		苗期		开花坐果期		成熟期		全生育期	
		ET	ET_{Daily}	ET	ET_{Daily}	ET	ET_{Daily}	ET	ET_{Daily}	ET	ET_{Daily}	ET	ET_{Daily}	ET	ET_{Daily}	ET	ET_{Daily}
N0	I1	56.88c	1.42c	54.97g	1.53g	107.56d	2.99d	219.41d	1.96d	45.17e	1.10e	61.88h	1.72h	108.31g	2.71g	215.35h	1.84h
	I2	58.36c	1.46c	61.79f	1.72f	124.09b	3.45b	244.25c	2.18c	58.05bc	1.42bc	95.26cde	2.65cde	132.47e	3.31e	285.78d	2.44d
	I3	54.32cd	1.36cd	78.37c	2.18c	136.19a	3.78a	268.89b	2.40b	58.88bc	1.44bc	97.15cd	2.70cd	156.72c	3.92c	312.76b	2.67b
N1	I1	55.65c	1.39c	63.85ef	1.77ef	103.36d	2.87d	222.86d	1.99d	77.20a	1.88a	68.64g	1.91g	101.08h	2.53h	246.92f	2.11f
	I2	58.80bc	1.47bc	68.01de	1.89de	116.25c	3.23c	243.06c	2.17c	75.24a	1.84a	92.21e	2.56e	132.37e	3.31e	299.81c	2.56c
	I3	66.26a	1.66a	71.65d	1.99d	138.05a	3.83a	275.96a	2.46a	62.48b	1.52b	114.39b	3.18b	160.23bc	4.01bc	337.11a	2.88a
N2	I1	64.78ab	1.62ab	66.54e	1.85e	89.21e	2.48e	220.52d	1.97d	54.30cd	1.32cd	76.84f	2.13f	91.42i	2.29i	222.55h	1.90h
	I2	59.69bc	1.49bc	80.14bc	2.23bc	104.49d	2.90d	244.32c	2.18c	63.77b	1.56b	94.24de	2.62de	137.57d	3.44d	295.58c	2.53c
	I3	59.68bc	1.49bc	88.41a	2.46a	117.40c	3.26c	265.49b	2.37b	54.33cd	1.33cd	117.43b	3.26b	168.74a	4.22a	340.50a	2.91a
N3	I1	48.49d	1.21d	77.70c	2.16c	84.52f	2.35f	210.72e	1.88e	63.76b	1.56b	69.67g	1.94g	104.66gh	2.62gh	238.09g	2.04g
	I2	58.67bc	1.47bc	84.41ab	2.34ab	105.38d	2.93d	248.47c	2.22c	54.86cd	1.34cd	99.03c	2.75c	123.82f	3.10f	277.71e	2.37e
	I3	64.81ab	1.62ab	88.38a	2.46a	125.01b	3.26c	270.49ab	2.42ab	50.27de	1.23de	124.19a	3.45a	162.39b	4.06b	336.85a	2.88a

续表 6-2

	处理	2018 年								2020 年							
		苗期		开花坐果期		成熟期		全生育期		苗期		开花坐果期		成熟期		全生育期	
		ET	ET$_{Daily}$	ET	ET$_{Daily}$	ET	ET$_{Daily}$	ET	ET$_{Daily}$	ET	ET$_{Daily}$	ET	ET$_{Daily}$	ET	ET$_{Daily}$	ET	ET$_{Daily}$
N	N0	56.52a	1.41a	65.04c	1.81c	122.61a	3.41a	244.18ab	2.18ab	54.03c	1.32c	84.77c	2.35c	132.50a	3.31a	271.30c	2.32c
	N1	60.24a	1.51a	67.84c	1.88c	119.22b	3.31b	247.29a	2.21a	71.64a	1.75a	91.75b	2.55b	131.23a	3.28a	294.61a	2.52a
	N2	61.38a	1.53a	78.36b	2.18b	103.70c	2.88c	243.44b	2.17ab	57.47b	1.40b	96.17a	2.67a	132.57a	3.31a	286.21b	2.45b
	N3	57.33a	1.43a	83.50a	2.32a	104.97c	2.84c	243.23b	2.17b	56.3bc	1.37bc	97.63a	2.71a	130.29a	3.26a	284.21b	2.43b
I	I1	56.45b	1.41b	65.76c	1.83c	96.16c	2.67c	218.38c	1.95c	60.11a	1.47a	69.26c	1.92c	101.37c	2.53c	230.73c	1.97c
	I2	58.88ab	1.47ab	73.59b	2.04b	112.55b	3.13b	245.02b	2.19b	62.98a	1.54a	95.18b	2.64b	131.56b	3.29b	289.72b	2.48b
	I3	61.27a	1.53a	81.70a	2.27a	129.16a	3.53a	270.21a	2.41a	56.49b	1.38b	113.29a	3.15a	162.02a	4.05a	331.80a	2.84a
Duncan (p)	N	0.164 3	0.160	0.000 0	0.000 0	0.000 0	0.015 6	0.111 6	0.112 0	0.000 0	0.000 0	0.000 3	0.000 3	0.443 8	0.445 1	0.000 1	0.000 1
	I	0.015 7	0.016	0.000 0	0.000 0	0.000 0	0.000 0	0.000 0	0.000 0	0.003 1	0.003 2	0.000 0	0.000 0	0.000 0	0.000 0	0.000 0	0.000 0
	N×I	0.001 0	0.001 0	0.000 7	0.000 7	0.029 9	0.000 0	0.005 3	0.005 3	0.000 1	0.000 1	0.000 0	0.000 0	0.000 0	0.000 0	0.000 0	0.000 0

苗期,番茄进行了两次灌溉,第一次是移栽时的活苗水(所有处理均灌水 20 mm),第二次是首次进行水分处理(I1、I2 和 I3 的灌水量分别为 10 mm、14 mm 和 18 mm)。2018年施氮对番茄耗水量无显著影响,而灌溉、水氮交互作用对番茄耗水量和耗水强度产生了显著影响,但耗水量及耗水强度在不同处理间无明显变化规律。2020 年灌溉、施氮及水氮交互作用对番茄耗水量和耗水强度均产生了显著的影响,但耗水量和耗水强度在不同处理间无明显变化规律。两年试验中,苗期 N0 施氮水平和 N3 施氮水平的耗水量和耗水强度均较小,可能是因 N0 施氮水平的番茄植株矮小,叶片发黄,植株生长发育缓慢,而 N3 施氮水平施氮量太大,导致土壤渗透压增大,作物吸收水分和养分的能力减弱(Lahoz et al., 2016;Jalil et al., 2019)。

开花坐果期,灌溉、施氮及水氮交互作用对番茄耗水量及耗水强度均产生了极显著影响。由表 6-2 可知,2018 年阶段耗水量及耗水强度较大的处理是 N2I3 和 N3I3,其耗水量分别为 88.41 mm 和 88.38 mm,耗水强度均为 2.46 mm/d,且两处理间无显著差异;阶段耗水量和耗水强度最小的处理为 N0I1,其值分别为 54.97 mm 和 1.53 mm/d。2020 年番茄阶段耗水量及耗水强度最大的处理为 N3I3,其值分别为 124.19 mm 和 3.45 mm/d;阶段耗水量和耗水强度最小的处理为 N0I1,其值分别为 61.88 mm 和 1.72 mm/d。2020 年阶段耗水量显著大于 2018 年的,原因一方面是经过连续 3 年水氮定位试验,高肥试验区的土壤肥力逐年增加,导致番茄植株营养生长茂盛,另一方面是 2020 年番茄生育期比 2018 年多了 8 d,且生育阶段末期温度较高,导致蒸发蒸腾量较大。两年试验中,在任一施氮水平下,番茄开花坐果期的耗水量及耗水强度均随灌水量的增大而增大,就相同灌溉水平下的耗水量及耗水强度的平均值而言,与 I1 灌溉水平比较,2018 年 I2 灌溉水平和 I3 灌溉水平的耗水量分别提高了 11.91% 和 24.24%,耗水强度分别提高了 11.48% 和 24.04%,2020年 I2 灌溉水平和 I3 灌溉水平的耗水量分别提高了 37.42% 和 63.57%,耗水强度分别提高了 37.50% 和 64.06%。就相同施氮水平下的耗水量及耗水强度的平均值而言,耗水量及耗水强度随施氮量的增大而显著增大,与 N0 施氮水平比较,2018 年 N1 施氮水平、N2 施氮水平和 N3 施氮水平的耗水量分别提高了 4.31%、20.48% 和 28.38%,耗水强度分别提高了 3.87%、20.44% 和 28.18%;2020 年 N1 施氮水平、N2 施氮水平和 N3 施氮水平的耗水量分别提高了 15.90%、18.90% 和 26.58%,耗水强度分别提高了 15.89%、19.16% 和 26.64%。

果实成熟期,灌溉、施氮及水氮交互作用对番茄耗水量及耗水强度均产生了显著影响(除 2020 年施氮外),该阶段耗水量及耗水强度最大的处理,2018 年为 N1I3,其值分别为 138.05 mm 和 3.83 mm/d,2020 年为 N2I3,其值分别为 162.39 mm 和 4.06 mm/d;阶段耗水量及耗水强度最小的处理,2018 年为 N3I1,其值分别为 84.52 mm 和 2.35 mm/d,2020年为 N2I1,其值分别为 91.42 mm 和 2.29 mm/d。在任一施氮水平下,阶段耗水量及耗水强度均随灌水量的增大而增大,就相同灌溉水平下的平均值而言,与 I1 灌溉水平比较,2018年 I2 灌溉水平和 I3 灌溉水平的耗水量分别提高了 17.04% 和 34.32%,耗水强度分别提高了 17.23% 和 32.21%;2020 年 I2 灌溉水平和 I3 灌溉水平的耗水量分别提高了 28.96% 和 61.51%,耗水强度分别提高了 28.63% 和 61.18%。就相同施氮水平下的平均值而言,耗水量及耗水强度随施氮量增大均有降低趋势,与 N0 施氮水平比较,2018 年 N1 施氮水平、

N2 施氮水平和 N3 施氮水平的耗水量分别降低了 2.76%、15.42% 和 14.39%,耗水强度分别降低了 2.93%、15.54% 和 16.72%;而 2020 年耗水量和耗水强度在各施氮水平间无显著差异。

两年试验中,灌溉、施氮及水氮交互作用对全生育期耗水量和耗水强度均产生了显著影响。在任一施氮水平下,全生育期耗水量及耗水强度均随灌水量增大而增大。就相同施氮水平下的平均值而言,番茄植株耗水量及耗水强度均随施氮量增大呈先增大后减小的变化趋势,这是因为施氮对苗期、开花坐果期和果实成熟期的耗水量及耗水强度的影响不同,耗水量及耗水强度在苗期随施氮量增大呈先增大后减小的趋势,在开花坐果期随施氮量的增大而增大,在果实成熟期随施氮量的增大而减小。苗期番茄植株处于生长初期,耗水量和耗水强度是三个生育阶段中最小的。开花坐果期植株营养生长和生殖生长同步进行,生长旺盛,耗水量较苗期有所提高,但由于该阶段温室内温度低于成熟期,饱和水汽压差是三个生育阶段中最小的(见表 6-1),致使作物耗水量并不大,最终使得其耗水量及耗水强度均小于果实成熟期。果实成熟期耗水量和耗水强度是三个生育阶段中最大的,因为果实成熟期番茄植株营养生长和生殖生长旺盛,且该阶段温室内温度高、饱和水汽压差大,使得作物需水量增大,因此耗水强度也随之增大。2018 年和 2020 年苗期耗水量占全生育期耗水量的比例分别为 20.20%~29.38% 和 20.98%~31.27%,开花坐果期耗水量占全生育期耗水量的比例分别为 25.10%~36.90% 和 28.73%~36.87%,果实成熟期耗水量占全生育耗水量的比例分别为 40.10%~50.80% 和 41.08%~48.21%。

6.3 水氮互作对温室番茄产量构成的影响

6.3.1 水氮互作对温室番茄每穗坐果数的影响

番茄果实坐果数是影响产量的主要因素之一。灌溉、施氮及水氮交互作用对番茄每穗果实坐果数影响的方差分析如表 6-3 所示,灌溉和施氮对每穗(除第 2 穗外)果实坐果数均产生了极显著影响($p<0.01$),水氮交互作用对第 1、第 4、第 5 穗果实坐果数和总果实坐果数均产生了显著影响($p<0.05$)。由表 6-3 可知,增加灌水量有利于每穗果实坐果数的提高,但高灌溉水平 I3 的坐果数增加幅度不大(除第 1 穗外)。与 I1 灌溉水平比较,I2 灌溉水平和 I3 灌溉水平的第 1 穗果实坐果数分别提高了 6.34% 和 13.81%,第 2 穗分别提高了 11.78% 和 5.14%,第 3 穗分别提高了 11.85% 和 12.54%,第 4 穗分别提高了 10.00% 和 9.64%,第 5 穗分别提高了 17.41% 和 21.88%。Veit-Kohler(1999)等研究不同水分供应对盆栽番茄坐果率的影响也表明增加灌水量可提高番茄坐果数,本书研究结果与其一致。适量增施氮肥(不超过 N1 施氮水平)可提高每穗果实坐果数,但过量施氮每穗果实坐果数提高幅度不大甚至有下降趋势(除第 4 穗外),与 N0 施氮水平比较,N1 施氮水平、N2 施氮水平和 N3 施氮水平的第 1 穗果实坐果数分别提高了 12.50%、4.55% 和 15.91%;第 2 穗果实坐果数 N1 施氮水平和 N2 施氮水平的分别提高了 4.36% 和 2.62%,而 N3 施氮水平的下降了 0.29%;第 3 穗的分别提高了 29.37%、17.10% 和 15.24%,第 4 穗的分别提高

了 6.32%、16.36% 和 21.19%，第 5 穗的分别提高了 21.30%、14.35% 和 4.35%。

表 6-3　灌溉、施氮及水氮交互作用对番茄每穗果实坐果数影响的方差分析

处理		果实坐果数/（个/穗）					
		第 1 穗	第 2 穗	第 3 穗	第 4 穗	第 5 穗	合计
施氮水平	N0	2.64b	3.44a	2.69c	2.69b	2.30c	13.77c
	N1	2.97a	3.59a	3.48a	2.86b	2.79a	15.69a
	N2	2.76b	3.53a	3.15b	3.13a	2.63ab	15.20b
	N3	3.06a	3.43a	3.10b	3.26a	2.40bc	15.24b
灌溉水平	I1	2.68b	3.31c	2.87b	2.8b	2.24b	13.90b
	I2	2.85b	3.70a	3.21a	3.08a	2.63a	15.47a
	I3	3.05a	3.48b	3.23a	3.07a	2.73a	15.56a
Duncan	N	0.005 0	0.775 7	0.000 3	0.001 6	0.008 0	0.000 0
	I	0.001 6	0.000 4	0.000 1	0.001 0	0.000 0	0.000 0
	N×I	0.006 5	0.083 6	0.069 2	0.034 3	0.001 5	0.037 0

　　通过分析 2020 年不同水氮处理下番茄每穗果实坐果数的变化（见图 6-2）可知，第 1 穗果实坐果数最多的处理为 N3I3（3.6 个/穗）；第 2 穗果实坐果数最多的处理为 N2I2（3.9 个/穗），N1I2 次之（3.7 个/穗），N1I2 处理果实坐果数较 N2I2 仅下降了 5.13%；第 3 穗果实坐果数最多的处理为 N1I2（3.6 个/穗）；第 4 穗果实坐果数最多的处理为 N3I2（3.5 个/穗），N2I2 次之（3.4 个/穗），N2I2 果实坐果数较 N3I2 仅下降了 2.86%；第 5 穗果实坐果数最多的处理为 N1I3（2.9 个/穗），说明适量灌溉和施氮有助于每穗果实坐果数的提高，而过量灌溉和施氮则果实坐果数提高幅度不大甚至有下降趋势。第 1 至第 4 穗果实坐果数最少的处理均为 N0I1，其值分别为 2.4 个/穗、3.1 个/穗、2.5 个/穗和 2.5 个/穗；而第 5 穗果实坐果数最少的处理为 N3I1，其值为 1.8 个/穗，N0I1 次之，为 2.0 个/穗，但两者间无显著差异。各处理中第 1 至第 5 穗果实坐果数较少的处理均为 N0I1，原因是经过连续 3 年水氮定位试验，不施氮试验区土壤养分逐年下降，加之亏缺灌溉，导致番茄生长矮小（见图 5-1 和图 5-2），叶片薄而发黄，叶绿素相对含量最低（见表 5-2），作物光合作用能力差（见表 5-3）。此外，各处理果实坐果数在穗间也产生了显著差异，第 1、第 2、第 3、第 4、第 5 穗果实坐果数分别占总果实坐果数的 18.08%~22.11%、21.19%~25.61%、18.16%~22.60%、17.56%~22.39% 和 13.24%~18.22%，整体而言，果实坐果数在穗间的排序由大到小为第 2 穗>第 3 穗>第 4 穗>第 1 穗>第 5 穗。

　　由图 6-2 还可以看出，在低灌溉水平（I1）下，适量增施氮肥可显著提高每穗果实坐果数，而过量施氮（超过 N1 施氮水平）则降低了每穗果实坐果数（除第 4 穗外）；在中灌溉水平（I2）下，适当增施氮肥有利于每穗果实坐果数的提高，而过量施氮不利于每穗果实坐

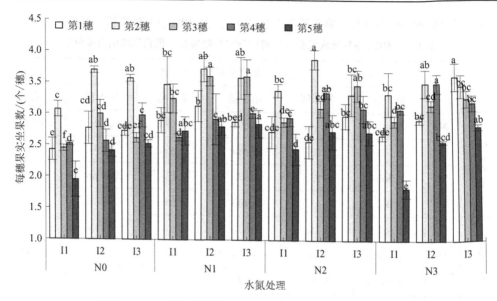

图 6-2　2020 年不同水氮处理下番茄每穗果实坐果数的变化

果数的提高甚至有下降趋势(除第 4 穗外),第 1、第 3、第 5 穗果实坐果数在 N1 施氮水平时最多,第 2 穗果实坐果数在 N2 施氮水平时最多,但与 N1 施氮水平的果实坐果数无显著差异;在高灌溉水平(I3)下,适量增施氮肥有助于每穗果实坐果数的提高,而过量施氮(超过 N1 施氮水平)不利于每穗果实坐果数的提高甚至有下降趋势(除第 1、第 4 穗外)。

6.3.2　水氮互作对温室番茄每穗果实平均单果重的影响

单果重既是反映番茄果实形态的重要指标之一,也是影响产量大小的主要因素之一。不同穗位番茄果实,由于其上层被遮阴的面积和厚度不同,接收的太阳辐射强度和时长不同,植株向其运转供应的水分和养分也不同,最终导致果实平均单果重可能存在一定的差异。灌溉、施氮及水氮交互作用对番茄每穗果实平均单果重影响的方差分析如表 6-4 所示,由表 6-4 可知,灌溉显著影响每穗果实平均单果重,施氮仅显著影响第 1、第 3、第 5 穗果实平均单果重,而水氮交互作用仅显著影响第 4、第 5 穗果实平均单果重。

表 6-4　灌溉、施氮及水氮交互作用对番茄每穗果实平均单果重影响的方差分析

处理		平均单果重/g					
		第 1 穗	第 2 穗	第 3 穗	第 4 穗	第 5 穗	平均值
施氮水平	N0	133.27a	151.62a	137.49b	151.20a	143.81b	143.48a
	N1	122.96b	154.65a	145.51a	150.56a	144.22b	143.58a
	N2	122.09b	154.57a	133.49b	149.84a	160.62a	144.12a
	N3	120.77b	147.86a	135.01b	142.18a	159.05a	140.97a

续表 6-4

处理		平均单果重/g					
		第 1 穗	第 2 穗	第 3 穗	第 4 穗	第 5 穗	平均值
灌溉水平	I1	116.39b	143.31c	129.14c	143.07b	144.33c	135.25c
	I2	123.63b	152.95b	138.10b	144.70b	151.01b	142.08b
	I3	134.30a	160.26a	146.38a	157.58a	160.44a	151.79a
Duncan	N	0.003 0	0.591 6	0.022 9	0.274 8	0.041 2	0.233 4
	I	0.001 6	0.000 4	0.000 1	0.002 8	0.000 2	0.000 0
	N×I	0.828 7	0.645 9	0.341 8	0.000 5	0.055 0	0.008 9

由表 6-4 可知,增加灌水量有利于每穗果实平均单果重的增大,与 I1 灌溉水平比较,I2 灌溉水平和 I3 灌溉水平下第 1 穗果实平均单果重分别提高了 6.22%和 15.39%,第 2 穗分别提高了 6.73%和 11.83%,第 3 穗分别提高了 6.94%和 13.35%,第 4 穗分别提高了 1.14%和 10.14%,第 5 穗分别提高了 4.63%和 11.16%。增施氮肥不利于第 1、第 4 穗果实平均单果重的提高,但适度增施氮肥有利于第 2、第 3、第 5 穗果实平均单果重的提高,而过量施氮果实平均单果重提高幅度不大甚至有下降趋势;与 N0 施氮水平比较,N1 施氮水平、N2 施氮水平和 N3 施氮水平的第 1 穗果实平均单果重分别下降了 7.74%、8.39%和 9.38%,第 4 穗分别下降了 0.42%、0.90%和 5.97%;第 2、第 3 穗果实平均单果重均在 N1 施氮水平时最大,分别为 154.65 g 和 145.51 g,与 N0 施氮水平比较分别提高了 2.00%和 5.83%;第 5 穗果实平均单果重在 N2 施氮水平时最大,为 160.62 g。第 1 至第 5 穗果实平均单果重随施氮量的增大呈先增大后减小的趋势,在 N2 施氮水平时达到最大,为 144.12 g,但与 N1 施氮水平相比仅提高了 0.38%。

2020 年不同水氮处理下番茄每穗果实平均单果重的变化见图 6-3。由图 6-3 可见,第 1、第 2、第 3、第 4、第 5 穗果实平均单果重最大的处理分别为 N0I3、N2I3、N1I3、N0I3 和 N3I3,最小的处理分别为 N3I1、N2I1、N2I1、N3I1 和 N1I1,每穗果实平均单果重的最大值均出现在 I3 灌溉水平,最小值均出现在 I1 灌溉水平。每穗果实平均单果重的最小值均未出现在 N0 施氮水平,说明施氮对果实平均单果重的影响并不大,果实平均单果重主要受灌溉水平影响。此外,就各处理下每穗果实平均单果重而言,第 1、第 2、第 3、第 4、第 5 穗果实平均单果重分别为 124.77 g、152.17 g、137.87g、148.45 g 和 151.93 g,因此果实单果重在穗间的变化为第 2 穗>第 5 穗>第 4 穗>第 3 穗>第 1 穗。

6.3.3　温室番茄每穗果实产量与其产量构成的相关关系

番茄每穗果实产量与其坐果数和平均单果重的相关性分别见图 6-4。由图 6-4 可知,每穗果实产量与果实坐果数均呈极显著的正相关关系,其中第 1、第 2、第 3、第 5 穗果实产量与果实坐果数的决定系数 R^2 均高达 0.755 8 以上,且 $p<0.001$,第 4 穗果实产量与果实坐果数也呈显著的正相关关系,决定系数 R^2 为 0.500 6,且 $p<0.05$。每穗果实产量与果实平均单果重也呈显著正相关关系,其中第 2、第 3 穗果实产量与果实平均单果重相关系数较大,其决定系数 R^2 分别为 0.656 4 和 0.657 6,且 $p<0.01$。每穗果实产量与其果实平均

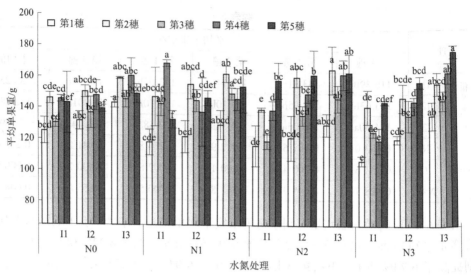

图 6-3　2020 年不同水氮处理下番茄每穗果实平均单果重

单果重的相关性和显著性均小于与果实坐果数的显著性和相关性。基于以上分析可知，番茄每穗果实产量是由果实坐果数和平均单果重共同决定的，其中果实坐果数对产量的影响大于平均单果重对产量的影响。

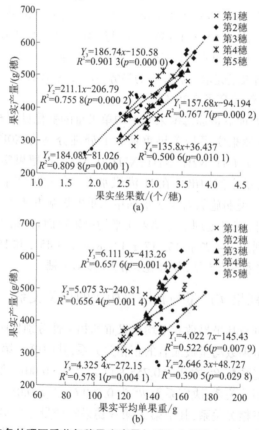

图 6-4　2020 年各处理下番茄每穗果实产量与果实坐果数和平均单果重的相关关系

6.4 水氮互作对温室番茄产量和水氮利用效率的影响

6.4.1 水氮互作对温室番茄产量的影响

表 6-5 为 2018~2020 年灌溉、施氮及水氮交互作用对温室番茄产量和水分利用效率（WUE）影响的方差分析，可以看出，灌溉、施氮及水氮交互作用对番茄产量均产生了极显著（$p<0.001$）影响。就相同灌溉水平下 3 年产量的平均值而言，产量随灌水量的增大而增大，与 I3 灌溉水平比较，I1 灌溉水平和 I2 灌溉水平的产量分别下降了 25.92% 和 12.72%，即水分亏缺对产量影响较大，说明本书的 I3 灌溉水平仍未超出适宜供水范畴。就相同施氮水平下 3 年产量的平均值而言，产量随施氮量的增大呈先增大后减小的变化趋势，在 N2 施氮水平（118.54 t/hm²）时达到最大，但与 N2 施氮水平的平均值比较，N1 施氮水平的仅下降了 1.34%，因此适当减少氮肥对番茄产量影响较小。

表 6-5　2018~2020 年灌溉、施氮及水氮交互作用对温室番茄产量和水分利用效率（WUE）
影响的方差分析

指标	年份	N0	N1	N2	N3	I1	I2	I3	F_N	F_I	$F_{N \times I}$
产量/ (t/hm²)	2018	97.83c	104.76b	108.07a	104.72b	96.80c	105.25b	109.47a	53.39***	68.57***	16.27***
	2019	101.20c	109.61b	114.63a	112.96a	100.34c	111.51b	116.95a	68.83***	127.95***	26.65***
	2020	120.12d	136.49a	132.92b	130.23c	113.5c	133.4b	142.92a	125.02***	1241.18***	57.06***
WUE/ (kg/m³)	2018	40.27c	42.59b	44.54a	42.97b	44.29a	42.96b	40.53c	100.92***	32.88***	9.90***
	2019	39.12c	42.18a	42.55a	42.02a	44.64a	41.06b	38.71c	25.25***	109.90***	31.33***
	2020	44.66c	46.82a	47.14a	45.82b	49.20a	46.07b	43.07c	18.87**	138.68***	28.03***

由表 6-5 可知，3 年产量最大的处理均为 N3I3，2018~2019 年产量最小的处理均为 N3I1，2020 年产量最小的处理为 N0I1。2018~2019 年产量最小的处理为 N3I1，原因是在干旱胁迫条件下，植株体内含水量降低（见图 5-6），过量施氮可能导致番茄遭受渗透胁迫，致使番茄需要更多的能量来维持细胞含水量，从而使蒸腾作用和养分吸收能力下降，最终使产量降低（Gonzalez-Dugo et al.，2010；Lahoz et al.，2016；Sheshbahreh et al.，2019）；2020 年产量最小的处理为 N0I1，可能是连续 3 年水氮定位试验使不施氮试验区土壤肥力逐年下降，加之水分亏缺影响，从而阻碍了番茄植株的正常生长发育，致使植株细而矮小、叶片薄而发黄，光合能力大幅度下降（见表 5-3），坐果率低（与 N3I1 处理的果实坐果数比较，N0I1 处理显著降低了 10.20%，见图 6-2）而导致。

图 6-5 为 2018~2020 年不同水氮处理对温室番茄产量的影响，由图 6-5 可知，2018 年和 2019 年在 I1 灌溉水平下，适量增施氮肥（不超过 300 kg/hm²）有利于产量提高，而过量施氮则会使产量下降；在 I2 灌溉水平和 I3 灌溉水平下，产量随施氮量增加而增加。2020 年在 I1 灌溉水平和 I2 灌溉水平下，适量增施氮肥有利于产量的提高（I1 灌溉水平下不超过 150 kg/hm²，I2 灌溉水平下不超过 300 kg/hm²），而过量施氮则会使产量下降；在 I3 灌溉水平下，产量随施氮量的增大而显著增大。2020 年产量高于 2018 年和 2019 年是由

2020 年番茄果实穗层数和坐果数增多引起的。

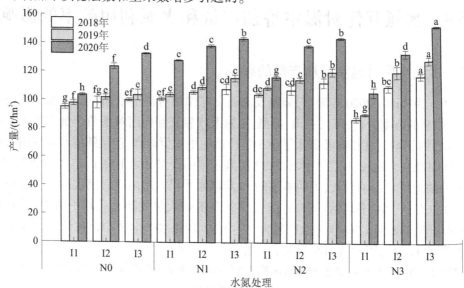

图 6-5　2018~2020 年不同水氮处理对温室番茄产量的影响

6.4.2　水氮互作对温室番茄水分利用效率的影响

灌溉、施氮及水氮交互作用对 2018~2020 年温室番茄水分利用效率(WUE)均产生了极显著影响(见表 6-5)。就相同灌溉水平下 3 年试验 WUE 的平均值而言,WUE 随灌水量的增加而降低,与 I3 灌溉水平比较,I1 灌溉水平和 I2 灌溉水平的 WUE 分别提高了 12.93% 和 6.36%;就相同施氮水平下 3 年试验 WUE 的平均值而言,WUE 随施氮量的增大呈先增大后减小的变化趋势,在 N2 施氮水平时达到最大,为 44.74 kg/m³,与 N2 施氮水平比较,N0 施氮水平、N1 施氮水平和 N3 施氮水平的 WUE 分别降低了 7.58%、1.97% 和 2.55%(见表 6-5),但 N1 施氮水平和 N2 施氮水平间无显著差异。

图 6-6 为 2018~2020 年不同水氮处理对温室番茄水分利用效率(WUE)的影响,由图 6-6 可知,3 年试验温室番茄的 WUE 均是 N2I1 处理的最大,N0I3 处理的最小。在 I1 灌溉水平下,适量增施氮肥有助于 WUE 的提高,一方面是因为干旱胁迫下增施氮肥可以改善作物的生理生长状态(见图 5-3、表 5-3),增加作物对水分和养分的吸收(Drenovsky et al., 2012);另一方面是因为在干旱胁迫下增施氮肥可以提高番茄坐果率和果实平均单果重(见图 6-2、图 6-3),使产量提高(见图 6-5),进而使 WUE 得到提升;但施氮量太大反而会降低 WUE,一方面是因为施氮量太大使作物根际土壤渗透压增大,作物吸收水分和养分的能力下降(Lahoz et al., 2016),影响作物生长(见图 5-1、图 5-3);另一方面是因为施氮量太大降低了番茄坐果率和果实平均单果重,使产量大幅度下降(见图 6-5),而不同施氮量对耗水量的影响差异较小(见表 6-2),因此降低了 WUE;在 I2 灌溉水平和 I3 灌溉水平下,WUE 随施氮量的增大呈现增大趋势,但当施氮量超过 300 kg/hm² 时无显著差异,说明适当增施氮肥是提高番茄 WUE 的有效途径之一,这是因为增施氮肥可以提高叶片中叶绿素含量和改善光合作用进程,并通过渗透调节和植株抗氧化性改善作物的抗旱性,

促进作物叶片和根系的生长（Du et al.，2017；Zhang et al.，2017；Sheshbahreh et al.，2019），使作物产量增大（见图6-5），从而提高了 WUE。在同一施氮水平下，当施氮量低于 300 kg/hm² 时，番茄 WUE 随灌水量的增大而极显著降低，这与 Kiymaz 等（2015）的研究结果一致。当施氮量达到 450 kg/hm²（N3）时，WUE 随灌水量的增大呈先增大后减小的变化趋势，N3 施氮水平下最大的 WUE 与最小的灌水量不一致，是因为在 N3 施氮水平下，亏缺灌溉严重阻碍作物的生长、光合作用和对养分的吸收（TALBI et al.，2014），影响番茄产量的形成（见图6-5），这与其他学者对番茄、土豆和茄子的研究结果一致（Kang et al.，2004；Ertek et al.，2006；Cantore et al.，2016）。同样，N3 水平下最小的 WUE 与最大的灌水量不一致，是因为灌溉水平由 I1 提高至 I3 时，WUE 提高了 12.93%，产量提高了 18.89%（见表6-5），说明本书的灌水量仍处于相对较低的水平，相对于 WUE 来说，增加灌水量更有利于产量的提高（Cantore et al.，2016；Du et al.，2017）。

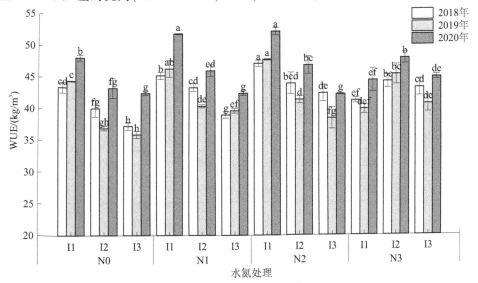

图6-6　2018~2020 年不同水氮处理对温室番茄水分利用效率（WUE）的影响

6.4.3　水氮互作对温室番茄氮肥利用效率的影响

表6-6 为灌溉、施氮及水氮交互作用对温室番茄氮肥偏生产力（PFP$_n$）、氮肥生理利用效率（NUE）和氮肥吸收利用效率（NAE）影响的方差分析，图6-7 为 2018~2020 年不同水氮处理对温室番茄氮肥偏生产力（PFP$_n$）的影响。由表6-6 可知，灌溉、施氮对氮肥偏生产力（PFP$_n$）均产生了极显著影响（$p<0.001$），而水氮交互作用仅显著影响 2019 年和 2020 年的 PFP$_n$。同一灌溉水平下，PFP$_n$ 随施氮量的增大而显著降低（见图6-7、表6-6），就相同施氮水平下 3 年 PFP$_n$ 的平均值而言，与 N3 施氮水平的相比，N1 施氮水平和 N2 施氮水平的分别显著提高了 202.54% 和 53.32%，增大施氮量极显著降低了 PFP$_n$，可能是施肥量偏大，产生了诸如氮素淋失、挥发等无效消耗（Ju et al.，2009；Li et al.，2017），以及根区离子浓度增大，渗透压增大，根系对水分和养分的吸收受到抑制（Sheshbahreh et al.，2019）等因素造成的。同一施氮水平下，PFP$_n$ 随灌水量的增大而增大，是因为同等种

植条件下,产量随灌水量增大而显著增大(见图6-5)。2018年,PFP$_n$在I1灌溉水平和I2灌溉水平间产生显著差异,而在I2灌溉水平和I3灌溉水平间无显著差异;而2019年和2020年PFP$_n$在各灌溉水平间均产生了显著差异(见图6-7)。就相同灌溉水平下3年PFP$_n$的平均值而言,与I3灌溉水平比较,I1和I2灌溉水平的分别下降了13.80%和4.82%。

表6-6 灌溉、施氮及水氮交互作用对温室番茄氮肥偏生产力(PFP$_n$)、氮肥生理利用效率(NUE)和氮肥吸收利用效率(NAE)影响的方差分析

处理		PFP$_n$/(kg/kg)			NUE/(kg/kg)			NAE/(kg/kg)		
		2018年	2019年	2020年	2018年	2019年	2020年	2018年	2019年	2020年
施氮水平	N1	698.39a	730.72a	909.92a	382.64a	429.04a	521.66a	1.83a	1.70a	1.75a
	N2	360.23b	382.10b	443.06b	363.78b	421.03a	488.77b	0.99b	0.91b	0.91b
	N3	232.70c	251.03c	289.40c	346.76c	405.28b	449.67c	0.67c	0.62c	0.64c
灌溉水平	I1	404.51c	419.31c	492.38c	367.91a	420.33ab	488.88a	1.08c	0.98c	0.98c
	I2	435.34b	459.05b	559.48b	370.66a	424.30a	490.42a	1.16b	1.08b	1.12b
	I3	451.47a	485.48a	590.53a	354.61a	410.72b	480.80a	1.26a	1.17a	1.20a
Duncan	N	0.000 0	0.000 0	0.000 0	0.009 1	0.009 1	0.000 2	0.000 0	0.000 0	0.000 0
	I	0.000 0	0.000 0	0.000 0	0.173 5	0.055 7	0.326 3	0.000 0	0.000 0	0.000 0
	N×I	0.100 8	0.006 8	0.047 2	0.940 3	0.755 0	0.920 4	0.136 5	0.011 3	0.654 3

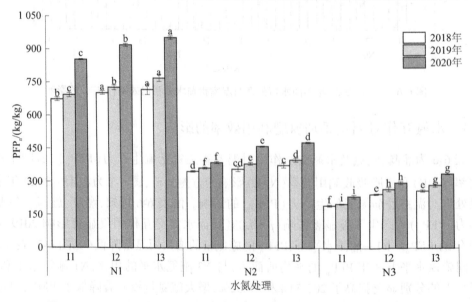

图6-7 2018~2020年不同水氮处理对温室番茄氮肥偏生产力(PFP$_n$)的影响

施氮对温室番茄的NUE产生了极显著的影响($p<0.01$),而灌溉及水氮交互作用对

NUE 无显著影响(见表6-6)。由表6-6可知,NUE 随施氮量的增大而减小,与 N1 施氮水平下 3 年试验 NUE 的平均值比较,N2 施氮水平和 N3 施氮水平的 NUE 分别降低了4.48%和9.87%,由于 N2 施氮水平的产量较 N1 施氮水平的提高了 1.36%,因此相对于产量而言,增施氮肥更有利于植株氮素的累积。由图 6-8 可以看出,在 N1 施氮水平下,NUE 随灌水量的增大而减小,而产量随灌水量的增大而增大,说明相对于产量而言,增加灌水量更有利于植株氮素的累积;在 N2 施氮水平和 N3 施氮水平下,NUE 在 I2 灌溉水平时较大,在 I3 灌溉水平时最小,说明在 N2 施氮水平和 N3 施氮水平下,适当增加灌水量更有利于产量的形成,而过量灌溉则更有利于植株氮素的累积。

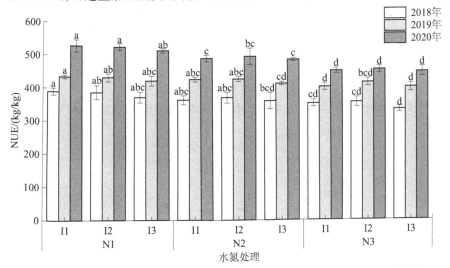

图 6-8　2018~2020 年不同水氮处理对温室番茄氮肥生理利用效率(NUE)的影响

图 6-9 为 2018~2020 年不同水氮处理对温室番茄氮肥吸收利用效率(NAE)的影响。灌溉、施氮对温室番茄氮肥吸收利用效率(NAE)均产生了极显著的影响($p<0.001$),而水氮交互作用仅显著影响 2019 年的 NAE(见表6-6)。在同一灌溉水平下,NAE 随施氮量的增大而显著降低(见图6-9、表6-6),就相同施氮水平下 3 年 NAE 的平均值而言,与 N3 施氮水平相比,N1 施氮水平和 N2 施氮水平的分别显著提高了 173.35% 和45.42%。在同一施氮水平下,NAE 随灌水量的增大而增大,就相同灌溉水平下 3 年 NAE 的平均值而言,与 I3 灌溉水平比较,I1 灌溉水平和 I2 灌溉水平的分别下降了 15.01% 和7.96%。

图 6-10 为温室番茄氮肥生理利用效率(NUE)和氮肥吸收利用效率(NAE)与氮肥偏生产力(PFP_n)的相关关系,由图 6-10 可知,NUE 与 PFP_n 呈显著的正相关关系[见图6-10(a)],NAE 与 PFP_n 也呈极显著的正相关关系[见图6-10(b)]。由于 NUE 和 NAE 的获取均需破坏植株取样,取样后经烘干、称重、研磨、过筛,然后在室内进行分析,需要耗费大量的人力、物力和财力,且耗时耗工,而 PFP_n 的获取则较为简单、方便、省时省工,且可降低人为操作误差或仪器的系统误差,因此 PFP_n 是表征氮肥利用效率的有效指标。

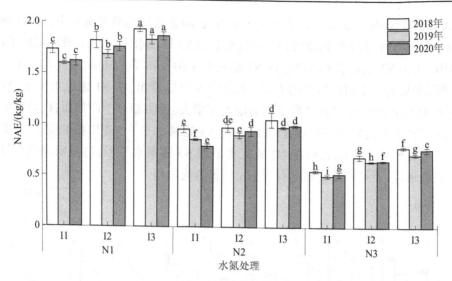

图 6-9　2018~2020 年不同水氮处理对温室番茄氮肥吸收利用效率(NAE)的影响

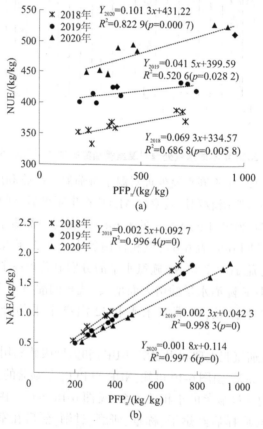

(a)

(b)

图 6-10　温室番茄氮肥生理利用效率(NUE)和氮肥吸收利用效率(NAE)
与氮肥偏生产力(PFP$_n$)的相关关系

6.5　小　结

（1）2018 年和 2020 年日光温室内的太阳总辐射、空气温度、空气相对湿度及饱和水汽压差在番茄生育期内的逐日变化趋势一致，两年试验中温室内太阳总辐射在开花坐果期达到最大；温室内空气相对湿度受作物耗水量和通风口开闭的影响较大，在开花坐果期番茄植株生长旺盛，耗水量多，且昼夜温差较大，夜间会关闭通风口，因此温室内空气相对湿度最大，进入果实成熟期后逐步降低；温室内的空气温度在果实成熟期达到最大；空气饱和水汽压差受温度和空气相对湿度的影响，在开花坐果期最小，在果实成熟期达到最大。而 2019 年在移栽后约 60 d 采取了遮棚降温措施，使太阳总辐射和空气相对湿度降低、饱和水汽压差增大，但其阶段日均值的变化规律与 2018 年和 2020 年的一致。2018 年全生育期内温室内太阳总辐射、空气温度、空气相对湿度及饱和水汽压差的日均值分别为 101.24 W/m²、21.12 ℃、78.77% 和 0.61 kPa，2019 年的分别为 74.76 W/m²、23.37 ℃、74.86% 和 0.78 kPa，2020 年的分别为 79.66 W/m²、22.06 ℃、79.11% 和 0.64 kPa。2020 年的太阳辐射强度较小是因为 2020 年阴雨天气比 2018 年多，而 2019 年的太阳总辐射较 2018 年和 2020 年的分别降低 26.16% 和 6.15%。

（2）随着生育期的推进，番茄耗水量及耗水强度的表现为：果实成熟期>开花坐果期>苗期。灌溉、施氮及水氮交互作用对全生育期耗水量及耗水强度均产生了显著的影响。在任一施氮水平下，全生育期耗水量及耗水强度均随灌水量的增大而增大；就相同施氮水平下的平均值而言，全生育期耗水量及耗水强度均随施氮量的增大呈先增大后减小的变化趋势，在 N1 施氮水平时最大，2018 年和 2020 年的耗水量分别为 247.29 mm 和 294.61 mm，耗水强度分别为 2.21 mm/d 和 2.52 mm/d。2018 年和 2020 年苗期耗水量分别占全生育期耗水量的 20.20%~29.38% 和 20.98%~31.27%，开花坐果期耗水量分别占全生育期耗水量的 25.10%~36.90% 和 28.73%~36.87%，果实成熟期耗水量分别占全生育期耗水量的 40.10%~50.80% 和 41.08%~48.21%。

（3）灌溉对番茄每穗果实坐果数均产生了极显著影响（$p<0.01$），施氮对除第 2 穗果实外每穗果实坐果数也产生了极显著影响（$p<0.01$）。增加灌水量有利于每穗果实坐果数的提高，但 I3 灌溉水平的果实坐果数增加幅度不大（除第 1 穗外）；适量增施氮肥（不超过 N1 施氮水平）可提高每穗果实坐果数，但过量施氮每穗果实坐果数提高幅度不大甚至有下降趋势（除第 4 穗外）。第 1、第 2、第 3、第 4、第 5 穗果实坐果数分别占总果实坐果数的 18.08%~22.11%、21.19%~25.61%、18.16%~22.60%、17.56%~22.39% 和 13.24%~18.22%，果实坐果数在穗间的变化顺序由大到小为第 2 穗>第 3 穗>第 4 穗>第 1 穗>第 5 穗。

（4）增加灌水量有利于每穗果实平均单果重的增大，与 I1 灌溉水平比较，I2 灌溉水平和 I3 灌溉水平的第 1 穗果实平均单果重分别提高了 6.22% 和 15.39%，第 2 穗分别提高了 6.73% 和 11.83%，第 3 穗分别提高了 6.94% 和 13.35%，第 4 穗分别提高了 1.14% 和 10.14%，第 5 穗分别提高了 4.63% 和 11.16%。增施氮肥不利于第 1、第 4 穗果实平均单果重的增大，可提高第 2、第 3、第 5 穗果实平均单果重，但过量施氮提高幅度不大甚至有下降趋势。第 1、第 2、第 3、第 4、第 5 穗果实平均单果重最大的处理分别为 N0I3、N2I3、N1I3、N0I3 和 N3I3，最小的处理分别为 N3I1、N2I1、N2I1、N3I1 和 N1I1，说明施氮对果实平均单果重的影响并不是很大，而灌溉对果实平均单果重的影响则较大。果实平均单果重在穗间的变化顺序由大到小为第 2 穗>第 5 穗>第 4 穗>第 3 穗>第 1 穗。

（5）番茄每穗果实产量由其对应的坐果数和平均单果重共同决定，与果实坐果数和平均单果重均呈显著的正相关关系，但每穗果实坐果数与果实产量的相关性和显著性均大于果实平均单果重与产量的相关性和显著性，即果实坐果数对产量的影响大于果实平均单果重的影响。比较而言，施氮主要影响番茄的坐果数，灌溉主要影响番茄果实平均单果重。

（6）灌溉、施氮及水氮交互作用对温室番茄产量均产生了极显著（$p < 0.001$）影响。就相同灌溉水平下三年产量的平均值而言，I1 灌溉水平和 I2 灌溉水平的产量较 I3 灌溉水平的分别下降了25.92%和12.72%。就相同施氮水平下 3 年产量的平均值而言，产量随施氮量的增大呈先增大后减小的变化趋势，在 N2（118.54 t/hm^2）施氮水平时达到最大，N1 施氮水平的产量较 N2 施氮水平的仅下降了 1.34%，说明适当减少氮肥供应对产量的影响较小。

（7）灌溉、施氮及水氮交互作用对温室番茄水分利用效率（WUE）均产生了极显著的影响。在 I1 灌溉水平下，适量增施氮肥有助于番茄 WUE 的提高，但施氮量太大反而会降低 WUE；在 I2 灌溉水平和 I3 灌溉水平下，WUE 随施氮量的增大呈增大的趋势，但施氮量超过 300 kg/hm^2 时无显著差异。在同一施氮水平下，当施氮量低于 300 kg/hm^2 时，番茄 WUE 随灌水量的增大而极显著降低，但当施氮量达到 450 kg/hm^2（N3）时，WUE 随灌水量的增大呈先增大后减小的变化趋势。

（8）增施氮肥显著降低了温室番茄的氮肥偏生产力（PFP_n）、氮肥生理利用效率（NUE）和氮肥吸收利用效率（NAE）；增加灌水量显著提高了 PFP_n 和 NAE，但灌溉对 NUE 无显著影响。PFP_n 的获取简单快捷、省时省工、精确度高，且 PFP_n 与 NUE 和 NAE 均呈显著的正相关关系，因此 PFP_n 是表征氮肥利用效率的有效指标。

第 7 章　水氮互作对温室番茄品质的调控效应及综合品质构建

随着经济社会的快速发展,人们对果蔬质量的要求越来越高。番茄是世界上最受欢迎的果蔬之一,是一种富含矿物质、维生素、有机酸、人体必需氨基酸和抗氧化剂等的食物来源(Toor et al., 2006; Erba et al., 2013)。近年来,番茄因富含可以降低人类疾病风险的物质而备受消费者青睐(Massot et al., 2010; Al-Amri, 2013)。水和氮是影响番茄生长发育和果实品质的重要因素(Chen et al., 2013; Andujar et al., 2013; Sun et al., 2013),许多研究发现亏缺灌溉可提高番茄果实中可溶性固形物、可溶性蛋白、可溶性糖以及维生素 C(VC)含量等品质指标(Patane et al., 2011a; Chen et al., 2013; Liu et al., 2019)。适量施氮有利于果实品质的提高,但过量施氮则会降低果实品质(Wang et al., 2015; Li et al., 2021)。果实品质不仅包括外观(大小、均匀度、形状、色泽)品质和口感(总的可溶性固形物、可溶性糖、有机酸)品质,还包括营养(番茄红素、VC)及存储(果实含水量和硬度)品质(Chittaranjan, 2007; Viskelis et al., 2008),品质指标多而杂,仅考虑几个指标难以反映番茄的综合品质。近年来研究者采用了各种方法评价番茄综合品质,常用的有近似理想解(TOPSIS)法(Wang et al., 2011; Luo et al., 2018)、主成分分析(PCA)法(Li et al., 2021)、层次分析(AHP)法(Wang et al., 2011)和灰色关联分析(GRA)法(Wang et al., 2015)等,但这些方法都基于大量的单项品质指标,而测量各品质指标需要耗费大量的人力和物力。因此,本章通过分析不同水氮供应对温室番茄每穗果实含水量、养分含量和品质的影响,并利用四种评价方法确定番茄品质最优的水氮组合,明确适合温室番茄水氮互作下番茄综合品质的评价方法,构建可反映番茄综合品质的简化指标,试图为日光温室番茄生产中获得优质果实提供更加精准的灌溉施氮管理模式。

7.1　水氮互作对温室番茄各穗果实含水量和养分的影响

7.1.1　水氮互作对温室番茄各穗果实含水量(FW)的影响

水是构成番茄果实的主要成分,是影响植株细胞膨压、养分浓度和品质等的重要因素,成熟的番茄果实中水分约占鲜果重的 95%(Davies et al., 1981; 李欢欢 等,2019),因此果实中水分的代谢与品质指标有密切关系。2020 年不同水氮处理对温室番茄每穗果实含水量影响的方差分析见表 7-1,由表 7-1 可知,灌溉显著影响番茄每穗果实含水量,施氮仅显著影响第 1、第 3 穗果实含水量,水氮交互作用对每穗果实含水量均无显著性影响。在同一施氮水平下,每穗果实含水量均随灌水量的增大有增大趋势,在同一灌溉水平下,每穗果实含水量随施氮量的增大有减小的趋势。就相同施氮水平下每穗果实含水量的平均值而言,与 N0 施氮水平的比较,N1 施氮水平、N2 施氮水平和 N3 施氮水平的第 1

穗果实含水量分别下降了 0.19%、0.25%和 0.49%，第 2 穗的分别下降了 0.09%、0.26%和 0.38%，第 3 穗的分别下降了 0.31%、0.32%和0.42%，第 4 穗的分别下降了 0.03%、0.08% 和 0.15%，第 5 穗的分别下降了 0.05%、0.08%和 0.11%。就相同灌溉水平下每穗果实含水量的平均值而言，与I1 灌溉水平比较，I2 灌溉水平和 I3 灌溉水平的第 1 穗果实含水量分别提高了 0.17%和 0.39%，第 2 穗的分别提高了 0.26%和0.65%，第 3 穗的分别提高了 0.12%和0.41%，第 4 穗的分别提高了 0.14%和0.27%，第 5 穗的分别提高了 0.16%和 0.31%。

表 7-1　2020 年不同水氮处理对温室番茄每穗果实含水量影响的方差分析

处理		第 1 穗/%	第 2 穗/%	第 3 穗/%	第 4 穗/%	第 5 穗/%
N0	I1	95.14ab	94.91abc	95.47abc	95.44abcd	95.34bcd
	I2	95.10ab	94.93ab	95.59a	95.54abcd	95.50abc
	I3	95.23a	95.18a	95.70a	95.65ab	95.63ab
N1	I1	94.82cd	94.75bcd	95.07d	95.37bcd	95.18d
	I2	95.05abc	94.98ab	95.21cd	95.48abcd	95.45abcd
	I3	95.10ab	95.02ab	95.59a	95.72a	95.69a
N2	I1	94.69d	94.52de	95.08d	95.35cd	95.33bcd
	I2	94.96bc	94.73bcde	95.26bcd	95.50abcd	95.37bcd
	I3	95.15ab	95.04ab	95.50ab	95.57abc	95.53abc
N3	I1	94.41e	94.39e	95.06d	95.27d	95.27cd
	I2	94.62de	94.58cde	95.07d	95.45abcd	95.42abcd
	I3	95.06abc	95.00ab	95.44abc	95.52abcd	95.48abcd
N	N0	95.16a	95.01a	95.59a	95.55a	95.49a
	N1	94.99b	94.92ab	95.29b	95.52a	95.44a
	N2	94.93b	94.76ab	95.28b	95.47a	95.41a
	N3	94.70c	94.65ab	95.19b	95.41a	95.39a
I	I1	94.77c	94.64b	95.17b	95.36b	95.28b
	I2	94.93b	94.81b	95.28b	95.49ab	95.43ab
	I3	95.14a	95.06a	95.56a	95.62a	95.58a
Duncan(p)	N	0.001 6	0.080 8	0.005 8	0.283 1	0.674 5
	I	0.000 1	0.000 3	0.000 1	0.006 7	0.004 6
	N×I	0.092 3	0.532 8	0.741 7	0.997 9	0.745 5

图 7-1 为不同穗层下果实含水量、全氮含量、全钾含量的变化。果实含水量在穗层间的变化存在显著性差异[见图 7-1（a）]，其顺序由高到低为第 4 穗>第 5 穗>第 3 穗>第 1 穗>第 2 穗，与第 2 穗的果实含水量比较，第 1、第 3、第 4、第 5 穗的果实含水量分别增加了 0.11%、0.53%、0.69%和 0.62%。

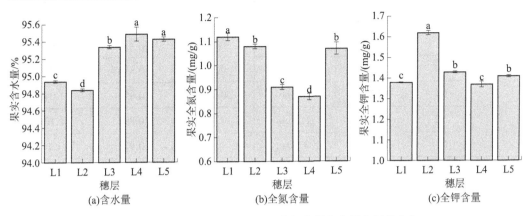

图 7-1　不同穗层下果实含水量、全氮含量和全钾含量的变化

7.1.2　水氮互作对温室番茄各穗果实全氮(FTN)含量的影响

2020 年不同水氮处理对温室番茄每穗果实全氮(FTN)含量的影响如表 7-2 所示。由表 7-2 可知,施氮显著影响番茄每穗果实 FTN 含量,而灌溉、水氮交互作用对每穗果实 FTN 含量均未产生显著性影响。在同一灌溉水平下,适当增施氮肥可提高每穗果实 FTN 含量,而过量施氮,果实 FTN 含量提高不显著,说明适量增施氮肥可促进番茄各穗果实对氮的吸收。每穗果实 FTN 含量在各处理间变化规律不明显,原因是每穗果实对应的干物质中全氮含量在任一施氮水平下均随灌水量的增大而增大,而每穗果实含水量也均随灌水量的增大而增大(见表 7-1),两者变化规律一致,导致新鲜果实 FTN 含量变化规律不明显。

表 7-2　2020 年不同水氮处理对温室番茄每穗果实全氮(FTN)含量的影响　单位:mg/g

处理		第 1 穗	第 2 穗	第 3 穗	第 4 穗	第 5 穗
N0	I1	0.97e	0.95e	0.81ef	0.83cde	1.03abcd
	I2	0.98e	0.97de	0.79f	0.81de	1.00cd
	I3	0.97e	0.94e	0.77f	0.79e	0.98d
N1	I1	1.05cde	1.05cde	0.93bcd	0.85bcde	1.07abcd
	I2	1.02de	1.03cde	0.91bcd	0.87abcde	1.01bcd
	I3	1.13bcd	1.06cde	0.86def	0.83cde	1.04abcd
N2	I1	1.19ab	1.13abc	0.92bcd	0.89abcd	1.04abcd
	I2	1.17abc	1.13abc	0.94bcd	0.86abcde	1.14a
	I3	1.14bcd	1.09bcd	0.89cde	0.93ab	1.12abc
N3	I1	1.28a	1.24a	1.01ab	0.93ab	1.15a
	I2	1.27a	1.21ab	1.06a	0.90abc	1.13ab
	I3	1.24ab	1.16abc	0.99abc	0.94a	1.14a

续表 7-2

处理		第 1 穗	第 2 穗	第 3 穗	第 4 穗	第 5 穗
N	N0	0.97d	0.95c	0.79c	0.81b	1.00c
	N1	1.07c	1.05bc	0.90b	0.85b	1.04bc
	N2	1.17b	1.11ab	0.92b	0.89a	1.10ab
	N3	1.27a	1.20a	1.02a	0.92a	1.14a
I	I1	1.12a	1.09a	0.92a	0.88a	1.07a
	I2	1.11a	1.08a	0.92a	0.86a	1.07a
	I3	1.12a	1.06a	0.88a	0.87a	1.07a
Duncan(p)	N	0.000 6	0.004 8	0.002 3	0.001 7	0.027 4
	I	0.870 4	0.544 4	0.133 9	0.749 2	0.989 4
	N×I	0.679 2	0.910 1	0.862 0	0.676 4	0.641 6

就相同施氮水平下每穗果实 FTN 含量的平均值而言,与 N0 施氮水平比较,N1 施氮水平、N2 施氮水平和 N3 施氮水平的第 1 穗果实 FTN 含量分别提高了 10.31%、20.62% 和 30.93%,第 2 穗的分别提高了 10.53%、16.84% 和 26.32%,第 3 穗的分别提高了 13.92%、16.46% 和 29.11%,第 4 穗的分别提高了 4.94%、9.88% 和 13.58%,第 5 穗的分别提高了 4.00%、10.00% 和 14.00%,即增施氮肥可显著提高番茄各穗果实对氮的吸收。就相同灌溉水平下每穗果实 FTN 含量的平均值而言,每穗果实 FTN 含量随灌水量增大均有减小趋势(除第 1 穗外),与 I1 灌溉水平比较,I2 灌溉水平和 I3 灌溉水平的第 2 穗果实 FTN 含量分别下降了 0.92% 和 2.83%,第 3 穗的分别下降了 0% 和 4.35%,第 4 穗的分别下降了 2.27% 和 1.14%,第 5 穗的无变化,而每穗果实对应干物质中全氮含量随灌水量的增大而增大,即增加灌溉量降低果实 FTN 含量主要是由果实含水量的稀释作用引起的。

不同穗层番茄果实 FTN 含量存在显著性差异[见图 7-1(b)],果实 FTN 含量在各穗层由高到低的顺序为第 1 穗>第 2 穗>第 5 穗>第 3 穗>第 4 穗。第 1、第 2 穗果实 FTN 含量较大,一方面可能是由于第 1、第 2 穗果实在整个生长发育过程处于低穗层,更有利于果实对养分的吸收,另一方面可能是由果实含水量的浓缩作用引起的[见图 7-1(a)];第 3、第 4 穗果实 FTN 含量显著小于其他穗果实 FTN 含量,一方面可能是由于番茄是营养生长与生殖生长同步进行的典型作物,随着穗层的增加,下层果实的库较上层果实的库更强,因此有利于下层果实吸收更多的养分,另一方面可能是由果实含水量的稀释作用引起的[见图 7-1(a)];第 5 穗果实 FTN 含量大于第 3、第 4 穗果实 FTN 含量,原因可能是第 5 穗果实处于快速膨大期时,番茄植株营养生长已趋于平稳,且第 1、第 2、第 3 穗果实已成熟采摘,第 4 穗果实已趋于成熟,需要养分较少,因此更多的养分用于第 5 穗果实的生长。

7.1.3　水氮互作对温室番茄各穗果实全钾(FTK)含量的影响

钾是番茄果实中含量较大的元素之一。通过分析 2020 年不同水氮处理对温室番茄每穗果实全钾(FTK)含量的影响(见表 7-3)可知,施氮显著影响番茄每穗果实 FTK 含量,灌溉和水氮交互作用对番茄每穗果实 FTK 含量则无显著性影响。第 1、第 2、第 3、第 4、第 5 穗果实 FTK 含量最大的处理均为 N3I1,其值分别为 1.52 mg/g、1.75 mg/g、1.54 mg/g、1.44 mg/g 和 1.49 mg/g;每穗果实 FTK 含量最小的施氮水平均为 N0,且在任一灌溉水平下,每穗果实 FTK 含量随施氮量的增大均有增大的趋势,说明增施氮肥有助于番茄各穗果实对钾的吸收。各穗果实 FTK 含量在不同处理间无明显变化规律,这是因为果实干物质中全钾含量在任一施氮水平下均随灌水量的增大而增大,其对应的果实含水量也均随灌水量的增大而增大(见表 7-1),两者变化规律一致,导致果实中 FTK 含量变化无明显规律。

表 7-3　2020 年不同水氮处理对温室番茄每穗果实全钾(FTK)含量的影响　单位:mg/g

处理		第 1 穗	第 2 穗	第 3 穗	第 4 穗	第 5 穗
N0	I1	1.21h	1.52d	1.33d	1.30de	1.37cd
	I2	1.24gh	1.52d	1.32d	1.29e	1.33d
	I3	1.34ef	1.50d	1.32d	1.29e	1.36cd
N1	I1	1.34ef	1.61bcd	1.46abc	1.37abcde	1.46ab
	I2	1.31fg	1.57cd	1.45abc	1.35bcde	1.38bcd
	I3	1.36def	1.60bcd	1.39cd	1.34cde	1.4bcd
N2	I1	1.40cde	1.70ab	1.46abc	1.42ab	1.43abc
	I2	1.43bcd	1.66abc	1.44bc	1.38abcd	1.43abc
	I3	1.41bcde	1.64abc	1.44bc	1.39abc	1.42abc
N3	I1	1.52a	1.75a	1.54a	1.44a	1.49a
	I2	1.49ab	1.74a	1.53ab	1.41abc	1.45abc
	I3	1.48abc	1.65abc	1.44abc	1.41abc	1.43abc
N	N0	1.26d	1.51c	1.32c	1.29c	1.35b
	N1	1.34c	1.60bc	1.43b	1.35b	1.41ab
	N2	1.41b	1.66ab	1.45ab	1.40ab	1.43a
	N3	1.50a	1.71a	1.50a	1.42a	1.46a
I	I1	1.37a	1.64a	1.45a	1.39a	1.44a
	I2	1.37a	1.62a	1.43a	1.36a	1.40a
	I3	1.40a	1.60a	1.40a	1.36a	1.40a

续表 7-3

处理		第 1 穗	第 2 穗	第 3 穗	第 4 穗	第 5 穗
	N	0.000 1	0.009 6	0.003 5	0.003 2	0.032 6
Duncan(p)	I	0.332 8	0.263 1	0.119 4	0.356 6	0.160 3
	N×I	0.157 2	0.780 7	0.828 9	0.997 6	0.888 4

就相同施氮水平下每穗果实 FTK 含量的平均值而言,与 N0 施氮水平比较,N1 施氮水平、N2 施氮水平和 N3 施氮水平的第 1 穗果实 FTK 含量分别提高了 6.35%、11.90% 和 19.05%,第 2 穗的分别提高了 5.96%、9.93% 和 13.25%,第 3 穗的分别提高了 8.33%、9.85% 和 13.64%,第 4 穗的分别提高了 4.65%、8.53% 和 10.08%,第 5 穗的分别提高了 4.44%、5.93% 和 8.15%;就相同灌溉水平下每穗果实 FTK 含量的平均值而言,每穗果实 FTK 含量随灌水量的增大均有减小趋势(除第 1 穗外),但差异不显著,每穗果实对应干物质中全钾含量随灌水量的增大而增大,果实含水量随灌水量增大而显著增大,说明灌溉引起果实 FTK 含量变化的主要原因是果实含水量的稀释作用。

番茄果实 FTK 含量在穗层间的变化如图 7-1(c)所示。果实 FTK 含量在穗层间的变化由高到低为第 2 穗>第 3 穗>第 5 穗>第 1 穗>第 4 穗,与第 2 穗果实 FTK 含量比较,第 1、第 3、第 4、第 5 穗的果实 FTK 含量分别下降了 14.82%、11.73%、15.43% 和 12.96%,第 1、第 3、第 4、第 5 穗的果实含水量较第 2 穗的果实含水量分别下降了 0.11%、0.53%、0.69% 和 0.62%,因此果实 FTK 含量在穗层间的变化可能是果实含水量的稀释作用引起的。

7.2 水氮互作对温室番茄果实品质的调控效应

7.2.1 水氮互作对温室番茄果实可溶性糖(SSC)含量的影响

番茄果实中可溶性糖(SSC)含量是决定果实口感的品质指标之一,直接影响番茄的商品价值。2018 年和 2020 年番茄果实 SSC 含量在穗层间的变化如图 7-2 所示。

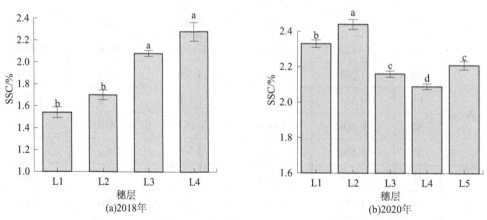

图 7-2　2018 年和 2020 年番茄果实 SSC 含量在穗层间的变化

番茄果实 SSC 含量在穗层间的变化存在显著差异。由图 7-2(a)可知,2018 年果实 SSC 含量在穗层间的大小顺序为第 4 穗>第 3 穗>第 2 穗>第 1 穗,与第 1 穗比较,第 2、第 3、第 4 穗的果实 SSC 含量分别提高了 10.39%、35.06% 和 48.05%;而第 1、第 2、第 3、第 4 穗果实生长过程中的日均太阳总辐射分别为 106.01 W/m²、100.90 W/m²、107.41 W/m² 和 108.45 W/m²[见图 6-1(a)],即各穗果实生长过程中的日均太阳总辐射变化幅度不大,但番茄果实对位叶的光合有效辐射和净光合速率均随穗层的增加而显著增加(见图 5-7),因此高穗层果实凸显出增加光合有效辐射的能力,促进了番茄叶片和果实中光合同化物的形成与运转。由图 7-2(b)可知,2020 年果实 SSC 含量在穗层间的大小顺序为第 2 穗>第 1 穗>第 5 穗>第 3 穗>第 4 穗,与第 2 穗的比较,第 1、第 3、第 4、第 5 穗的果实 SSC 含量分别降低了 4.51%、11.48%、14.34% 和 9.43%;而第 1、第 2、第 3、第 4、第 5 穗果实生长过程中的日均太阳总辐射分别为 97.54 W/m²、96.74 W/m²、88.83 W/m²、77.57 W/m² 和 74.33 W/m²[见图 6-1(a)],与第 1 穗比较,第 2、第 3、第 4、第 5 穗果实生长过程中的日均太阳总辐射分别降低了 0.82%、8.93%、20.47%、23.80%,尽管光合有效辐射和净光合速率均随穗层的增加而显著增加(见图 5-7),但各穗层果实生长过程中的日均太阳总辐射随穗层增加而下降,削弱了高穗层果实接收太阳辐射的能力,果实 SSC 含量在穗层间的变化与果实含水量成反比,与果实全氮含量成正比,即 SSC 含量在穗层间的变化主要是由果实含水量和果实对养分的吸收利用共同引起的。由以上分析可知,果实 SSC 含量在穗层间的变化由太阳总辐射、果实含水量和果实对养分的吸收利用共同影响,其中当太阳总辐射随生育阶段推进而逐渐增加或变化幅度不大时,SSC 在穗层间的变化主要受太阳总辐射影响;若太阳总辐射随生育期的推进呈下降趋势,SSC 在穗层间的变化主要受果实含水量和果实对养分的吸收利用共同影响。

表 7-4 给出了 2018 年和 2020 年不同水氮处理对温室番茄每穗果实 SSC 含量影响的方差分析,由表 7-4 可知,灌溉极显著影响番茄每穗果实 SSC 含量($p<0.01$),施氮显著影响番茄每穗(除 2020 年第 4 穗外)果实 SSC 含量,而水氮交互作用对番茄每穗果实 SSC 含量均无显著影响(除 2018 年第 1 穗外)。2018 年第 1、第 2 穗果实 SSC 含量最大的处理均为 N3I1,其值分别为 2.70% 和 2.98%,第 3、第 4 穗果实 SSC 含量最大的处理均为 N0I1,其值分别为 3.20% 和 3.61%;第 1、第 2 穗果实 SSC 含量最小的处理均为 N0I3,其值分别为 1.74% 和 1.85%,第 3、第 4 穗果实 SSC 含量最小的处理均为 N1I3,其值分别为 2.57% 和 2.99%,各穗果实 SSC 含量最大和最小的处理不一致,可能是土壤基础养分存在差异引起的。2020 年第 1 至第 5 穗果实 SSC 含量最大的处理均为 N3I1,其值分别为 2.58%、2.91%、2.35%、2.26% 和 2.37%;第 1、第 2、第 3、第 5 穗果实 SSC 含量最小的处理均为 N0I3,其值分别为 2.06%、2.13%、1.97% 和 2.02%,第 4 穗果实 SSC 含量最小的处理为 N2I3,其值为 1.88%,但与 N2I3 比较,N0I3 的仅提高了 4.79%;每穗果实含水量最小的处理均为 N3I1,最大的处理均为 N0I3(见表 7-1),每穗果实全氮和全钾含量最大的处理均为 N3I1,最小的处理为 N0I3,说明番茄每穗果实 SSC 含量在处理间的变化是由果实含水量的稀释作用和果实对养分的吸收利用共同引起的。2018 年第 3、第 4 穗果实 SSC 含量最大的处理均为 N0I1,而 2020 年第 3、第 4、第 5 穗果实 SSC 含量最大的处理为 N3I1 而不是 N0I1,原因是经过连续 3 年水氮定位试验不施氮试验区植株叶片薄而发黄(见图 7-2),

表 7-4 2018 年和 2020 年不同水氮处理对温室番茄每穗果实 SSC 含量的影响

处理		2018 年 SSC/%				2020 年 SSC/%				
		第 1 穗	第 2 穗	第 3 穗	第 4 穗	第 1 穗	第 2 穗	第 3 穗	第 4 穗	第 5 穗
N0	I1	2.00de	2.12ef	3.20a	3.61a	2.37abc	2.43bcd	2.07defg	2.15ab	2.2cd
	I2	1.87ef	1.98fg	3.16ab	3.34abc	2.15cde	2.16ef	1.99fg	2.07bcd	2.14bcd
	I3	1.74f	1.85g	2.69cde	3.33bc	2.06e	2.13f	1.94g	1.97cde	2.02e
N1	I1	2.18bcd	2.56bc	2.99abc	3.11cd	2.42ab	2.49bcd	2.28abc	2.15ab	2.35ab
	I2	2.17bcd	2.29de	2.87bcd	3.07cd	2.29bcde	2.47bcd	2.2abcde	2.05bcd	2.24abc
	I3	1.97de	2.02fg	2.57e	2.99d	2.12de	2.36cdef	2.06efg	2.01bcde	2.14cde
N2	I1	2.31b	2.78ab	3.14ab	3.54ab	2.60a	2.65b	2.31ab	2.23a	2.36ab
	I2	2.1cd	2.61bc	2.95abcd	3.34abc	2.39ab	2.40cde	2.24abcd	2.12abc	2.23bc
	I3	2.09cd	2.48cd	2.73cde	3.01d	2.33bcd	2.31def	2.11cdefg	1.88e	2.13cde
N3	I1	2.70a	2.98a	3.06ab	3.09cd	2.58a	2.91a	2.35a	2.26a	2.37a
	I2	2.26bc	2.42cd	2.91abcd	3.11cd	2.49ab	2.60bc	2.23abcde	2.23a	2.23bc
	I3	2.00de	2.3de	2.69de	3.08cd	2.14cde	2.32def	2.14bcdef	1.95de	2.08de
N	N0	1.87c	1.98c	3.02a	3.43a	2.20c	2.24b	2.00b	2.06b	2.12b
	N1	2.11b	2.29b	2.81c	3.06c	2.28b	2.44a	2.18a	2.07b	2.24a
	N2	2.17ab	2.62a	2.94ab	3.30ab	2.44a	2.45a	2.22a	2.08b	2.24a
	N3	2.32a	2.57a	2.89bc	3.09bc	2.40a	2.61a	2.24a	2.15a	2.23a
I	I1	2.30a	2.61a	3.20a	3.34a	2.49a	2.62a	2.25a	2.20a	2.32a
	I2	2.10b	2.32b	3.16a	3.22b	2.33b	2.41b	2.17a	2.12a	2.21b
	I3	1.95c	2.16c	2.69b	3.10c	2.16c	2.28c	2.06b	1.95b	2.09c
Duncan(p)	N	0.009 8	0.000 4	0.022 1	0.018 6	0.000 6	0.013 8	0.022	0.083 6	0.033 5
	I	0.000 0	0.000 0	0.000 3	0.007 8	0.000 5	0.000 1	0.001 0	0.000 1	0.000 0
	N×I	0.003 9	0.208 7	0.953 5	0.146 3	0.798 5	0.200 4	0.980 8	0.362 9	0.932 4

叶绿素含量显著低于施氮试验区的(见表 5-2),净光合速率也显著低于其他施氮试验区的(见表 5-3),表明养分供给不足对果实 SSC 含量的影响大于环境对其的影响。

就相同施氮水平下番茄果实 SSC 含量的平均值而言(见表 7-4),2018 年第 1 穗果实 SSC 含量随施氮量增大而增大,但 N2 施氮水平和 N3 施氮水平间无显著差异;第 2 穗果实 SSC 含量随施氮量增大呈先增大后减小的变化趋势,N2 施氮水平时最大,但 N2 和 N3 施氮水平间无显著差异,增施氮肥提高了第 1、第 2 穗果实 SSC 含量,可能是施氮增强了植株对氮的吸收,促进了光合作用过程(Hoffmann,2005;Rostamza et al.,2011),导致光合同化物的合成增多(见表 5-3);第 3、第 4 穗果实 SSC 含量在 N0 施氮水平时最大,可能是因为随着生育期的推进,不施氮累积效应导致植株叶面积指数下降(见图 5-4),透光率增大,光合有效辐射增大,果实裸露在空气中的面积增大,更有利于光合作用的进行。2020 年每穗果实 SSC 含量均在 N0 施氮水平时最小,这是因为经过连续 3 年水氮定位试验不施氮区的土壤肥力逐年下降,养分供给不足对品质的影响大于环境因素对其的影响。适当增施氮肥有助于每穗果实 SSC 含量的提高,而过量施氮(超过 N2 施氮水平),果实 SSC 含量提高幅度不大甚至会下降,这可能是因为过量施氮导致氮与有机酸合成的氨基酸和蛋白质增多,其对由糖转化而来的有机酸需求量增多,导致糖的消耗量增加而累积量减少(孙世卫 等 2011)。2020 年果实含水量随施氮量增大而降低(见表 7-1),果实全氮和全钾含量随施氮量增大均显著增大(见表 7-2 和表 7-3),番茄叶片净光合速率随施氮量的增大而增大(见表 5-3),说明增施氮肥提高果实 SSC 含量是由果实对养分吸收增多、光合同化物合成增多和果实含水量的浓缩作用共同引起的,其中果实对养分吸收增多起主要作用。就相同灌溉水平下的果实 SSC 含量的平均值而言,两年试验每穗果实 SSC 含量均随灌水量增加而显著降低,原因是由果实含水量的稀释作用引起,而非果实对养分吸收的减少引起。

7.2.2　水氮互作对温室番茄果实维生素 C(VC)含量的影响

2018 年和 2020 年番茄果实 VC 含量在穗层间的变化见图 7-3。由图 7-3 可知,两年试验中番茄果实 VC 含量均随穗层的增大而显著增加,与第 1 穗果实 VC 含量比较,2018

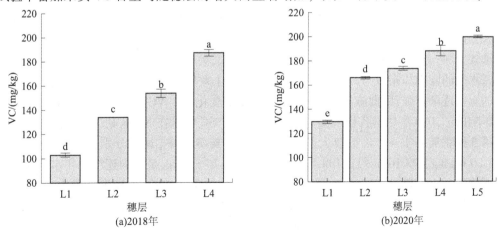

图 7-3　2018 年和 2020 年番茄果实 VC 含量在穗层间的变化

年第 2、第 3、第 4 穗的分别提高了 30.20%、49.34% 和 81.75%,2020 年第 2、第 3、第 4、第 5 穗的分别提高了 28.09%、33.93%、45.09% 和 54.00%。光合有效辐射随穗层的增大而极显著增大,第 2、第 3、第 4、第 5 穗果实对位叶的光合有效辐射较第 1 穗的提高了 50.30% ~ 1 849.97%,光合有效辐射随穗层的变化与 VC 完全一致,而果实养分、果实含水量和 VC 的合成底物 SSC 随穗层的变化与 VC 在穗层间的变化均不同。因此,番茄果实 VC 对光照比较敏感,其随光照强度和时长的增大而增大。

表 7-5 为 2018 年和 2020 年不同水氮处理对温室番茄每穗果实 VC 含量的影响,由表 7-5 可知,灌溉对每穗果实 VC 含量均产生了极显著的影响($p<0.01$),施氮对每穗果实 VC 含量也产生了显著影响($p<0.05$),而水氮交互作用对每穗果实 VC 含量无显著影响。两年试验中,在任一施氮水平下,增加灌水量均降低了番茄每穗果实 VC 含量,原因一方面可能是增加灌水量提高了番茄的叶面积指数(见图 5-3 和图 5-4),增大了果实的遮阴面积(见图 7-4),降低了果实接收光照强度和时长;另一方面可能是果实含水量的稀释作用、VC 的合成底物(SSC)含量降低及果实对养分的吸收降低共同引起的(见表 7-1~表 7-4),其中果实含水量的稀释作用和合成底物(SSC)含量降低是主要影响因素。

(a)N0I1　　　　　　　　　　(b)N0I2　　　　　　　　　　(c)N0I3

图 7-4　N0 施氮水平各灌溉水平下番茄植株生长和果实裸露状况

就相同施氮水平下每穗果实 VC 含量的平均值而言,2018 年第 1、第 2 穗果实 VC 含量随施氮量的增大而增大,是因为 VC 的合成底物 SSC 随施氮量的增大而增大;第 3、第 4 穗果实 VC 含量随施氮量的增加呈先减小后增大再减小的变化趋势,N2 施氮水平时达到最大,分别为 162.67 mg/kg 和 193.41 mg/kg,N0 施氮水平的次之,N0 施氮水平的果实 VC 含量较大,一方面是由于其合成底物 SSC 含量较大,另一方面是随着生育进程的推进,N0 施氮水平的叶面积指数与其他施氮水平的逐渐产生差异(见图 5-3),使光照对果实 VC 合成的影响逐渐增强,因此施氮引起果实 VC 含量的变化是由 VC 的合成底物 SSC 和光照共同影响的。2020 年尽管各穗果实 VC 的合成底物 SSC 含量在 N0 施氮水平时较小,但第 1 至第 5 穗番茄果实 VC 含量较大的处理均为 N0 施氮水平,其值分别为 128.44 mg/kg、173.20 mg/kg、178.16 mg/kg、198.17 mg/kg 和 195.76 mg/kg,是因为连续 3 年水氮定位试验不施氮区土壤肥力愈发贫瘠,严重影响番茄植株的正常生长,植株生长弱小,叶片发黄(见图 7-4),叶面积指数较其他处理大幅度下降(见图 5-3),导致番茄果实大部分裸露在空气中接收更多的阳光(见图 7-4),而光照强度和时长增大有利于 VC 的合成,因此光照是主要影响因素。

表 7-5　2018 年和 2020 年不同水氮处理对温室番茄每穗果实 VC 含量的影响

处理		2018 年 VC/(mg/kg)				2020 年 VC/(mg/kg)				
		第 1 穗	第 2 穗	第 3 穗	第 4 穗	第 1 穗	第 2 穗	第 3 穗	第 4 穗	第 5 穗
N0	I1	100.26bcd	135.08bcde	154.25bc	200.27abc	146.73ab	182.35a	182.90ab	202.29a	227.92a
	I2	97.74cde	126.68f	153.76bcd	188.65cde	121.77de	171.50ab	177.53ab	194.35ab	198.68bcde
	I3	94.33de	115.47g	151.39bcd	179.93def	116.84e	165.76ab	174.04b	190.63ab	196.59bcde
N1	I1	104.52bcd	141.63ab	158.77b	186.31cde	136.40bc	173.01ab	186.77a	198.62ab	212.20ab
	I2	102.74bcd	132.2def	145.68cd	179.21ef	122.41de	160.98b	179.32ab	192.78ab	191.55de
	I3	86.85e	128.12ef	142.57d	169.95fg	112.04e	156.50bc	162.98c	175.10cd	185.45e
N2	I1	107.66bc	146.37a	176.92a	210.45a	148.71a	173.85ab	178.62ab	193.10ab	202.12bcd
	I2	102.58bcd	140.60abc	158.93b	206.33ab	132.29cd	169.27ab	174.20b	191.55ab	196.96bcde
	I3	101.61bcd	136.04bcd	152.15bcd	163.46g	121.06de	159.17b	157.02c	170.97d	188.61de
N3	I1	128.47a	142.27ab	158.62b	199.06abc	141.16abc	181.81a	178.50ab	198.17ab	209.49bc
	I2	110.56b	133.44cdef	148.02bcd	194.46bcd	131.71cd	157.69b	175.73b	186.83bc	194.83cde
	I3	98.55cd	131.24def	144.67cd	168.07fg	123.46de	139.43c	154.33c	161.06d	189.68de
N	N0	97.44c	125.74c	153.14b	189.62a	128.44ab	173.20a	178.16a	195.76a	207.73a
	N1	98.04c	133.98b	149.01b	178.49b	123.62b	163.50b	176.36a	188.83b	196.40b
	N2	103.95b	141.00a	162.67a	193.41a	134.02a	167.43ab	169.95b	185.21bc	195.90b
	N3	112.53a	135.65b	150.44b	187.20a	132.11a	159.64b	169.52b	182.02c	198.00b
I	I1	110.23a	141.34a	162.14a	199.02a	143.25a	177.75a	181.70a	198.05a	212.93a
	I2	103.41a	133.23b	151.60b	192.16b	127.05b	164.86b	176.69a	191.38a	195.50b
	I3	95.34b	127.72c	147.69b	170.35c	118.35c	155.22c	162.10b	174.44b	190.08b
Duncan(p)	N	0.000 1	0.001 1	0.004 0	0.019 3	0.027 2	0.036 4	0.022 8	0.000 7	0.042 4
	I	0.001 1	0.000 0	0.000 6	0.000 0	0.000 0	0.000 9	0.000 0	0.000 1	0.000 2
	N×I	0.142 5	0.622 3	0.318 9	0.060 8	0.697 3	0.444 5	0.370 7	0.401 6	0.614 2

7.2.3 水氮互作对温室番茄果实有机酸(OA)含量的影响

番茄的口感品质取决于可溶性糖和有机酸(OA)的比例,因此OA是影响番茄口感品质的另一重要指标。

2018年和2020年番茄果实OA含量在穗层间的变化如图7-5所示。由图7-5可知,2018年和2020年果实OA含量均在第1穗最大,与第1穗果实OA含量比较,2018年第2、第3、第4穗的分别下降了17.78%、13.33%和15.56%,2020年第2、第3、第4、第5穗的分别下降了7.14%、21.43%、26.19%和14.29%;而2018年第2、第3、第4穗果实生长过程中的日均温度较第1穗的分别提高了7.16%、11.33%和14.33%,2020年第2、第3、第4、第5穗果实生长过程中的日均温度较第1穗的分别提高了3.86%、9.00%、12.03%和14.00%(见图6-1),且各穗果实冠层温度随穗层的增加而升高(见图5-7),温度升高有助于有机酸的分解(吴光林,1992);此外,2020年各穗果实OA含量随穗层的变化规律与果实FTN含量的变化规律完全一致。因此,果实OA含量随穗层增大有下降的变化趋势,可能是温度升高导致有机酸分解增多和果实对氮吸收增多共同引起的。2020年第5穗果实OA含量大于第3、第4穗的,可能是因为第5穗果实生长过程中阴雨天较多,温度有所下降。2018年果实OA含量高于2020年的,可能是由于2020年的温度高于2018年的,导致果实中有机酸分解增多。

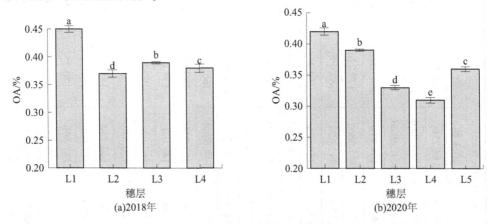

图7-5 2018年和2020年番茄果实OA含量在穗层间的变化

表7-6为2018年和2020年不同水氮处理对番茄每穗果实OA含量影响的方差分析,由表7-6可知,灌溉和施氮均显著影响番茄每穗果实OA含量($p<0.05$),而水氮交互作用对其无显著性影响。两年试验番茄每穗果实OA含量最大的处理均为N3I1,最小的处理均为N0I3。在任一施氮水平下,两年试验各穗果实OA含量均随灌水量的增大而减小,由于每穗果实含水量随灌水量的增大而增大,每穗果实FTN含量和FTK含量随灌水量的增大有降低的变化趋势,因此增加灌水量降低果实OA含量的主要原因是果实含水量的稀释作用;在任一灌溉水平下,两年试验每穗果实OA含量随施氮量增大而增大,可能是因为增施氮肥增大了作物的遮阴面积,使果实周围温度降低,而温度的降低会促进酸的合成(Benard et al., 2009),这与Du等(2017)和Kuscu等(2014)的研究结果一致;此外,增施

表 7-6　2018 年和 2020 年不同水氮处理对番茄每穗果实 OA 含量影响的方差分析

处理		2018 年 OA/%				2020 年 OA/%				
		第 1 穗	第 2 穗	第 3 穗	第 4 穗	第 1 穗	第 2 穗	第 3 穗	第 4 穗	第 5 穗
N0	I1	0.43ef	0.37bcd	0.41abc	0.39abc	0.40f	0.36cd	0.32cdef	0.32abc	0.36bc
	I2	0.42f	0.35de	0.39bcd	0.36cd	0.39f	0.36cd	0.30ef	0.29cd	0.34cd
	I3	0.42f	0.32f	0.31e	0.35d	0.39f	0.35d	0.30f	0.28d	0.32d
N1	I1	0.47bc	0.38bc	0.41abc	0.39bcd	0.41def	0.40ab	0.33cde	0.32abc	0.36bc
	I2	0.45cd	0.37cd	0.38cd	0.38bcd	0.41ef	0.38bcd	0.33cde	0.31bcd	0.35bc
	I3	0.42f	0.33ef	0.35de	0.35d	0.40f	0.38bcd	0.30def	0.30bcd	0.35bc
N2	I1	0.47bc	0.38bc	0.41abc	0.39bcd	0.44bc	0.40ab	0.33cd	0.32ab	0.37b
	I2	0.45cde	0.38bc	0.40abc	0.37bcd	0.43cde	0.39bcd	0.33cd	0.31bcd	0.36bc
	I3	0.43ef	0.37bcd	0.38cd	0.38bcd	0.42def	0.38bcd	0.31cdef	0.31bcd	0.35bc
N3	I1	0.52a	0.43a	0.43a	0.43a	0.50a	0.43a	0.38a	0.34a	0.40a
	I2	0.48b	0.40b	0.43ab	0.40ab	0.47b	0.39bc	0.35ab	0.33ab	0.37bc
	I3	0.44def	0.37bcd	0.40abc	0.40ab	0.44cd	0.39bc	0.33bc	0.30bcd	0.36bc
N	N0	0.42c	0.35c	0.37b	0.37b	0.40c	0.36b	0.31c	0.29b	0.34b
	N1	0.45b	0.36c	0.38b	0.37b	0.40c	0.39a	0.32bc	0.31ab	0.35ab
	N2	0.45b	0.38b	0.40ab	0.38b	0.43b	0.39a	0.32b	0.31a	0.36a
	N3	0.48a	0.40a	0.42a	0.41a	0.47a	0.40a	0.35a	0.32a	0.38a
I	I1	0.47a	0.39a	0.42a	0.40a	0.44a	0.40a	0.34a	0.32a	0.37a
	I2	0.45b	0.37b	0.40a	0.38b	0.42ab	0.38b	0.33a	0.31ab	0.36b
	I3	0.43c	0.35c	0.36b	0.37b	0.41b	0.38b	0.31b	0.30b	0.35b
Duncan (p)	N	0.000 0	0.001 3	0.030 2	0.010 4	0.000 0	0.011 4	0.000 6	0.019 5	0.029 3
	I	0.000 1	0.000 1	0.000 2	0.043 0	0.006 2	0.041 3	0.003 4	0.011 2	0.001 3
	N×I	0.169 0	0.185 3	0.295 7	0.831 0	0.195 6	0.792 7	0.605 5	0.880 6	0.258 6

氮肥可显著提高番茄每穗果实中 FTN 和 FTK 含量,降低果实含水量(见图 7-1),因此施氮引起果实 OA 含量提高是由果实对养分吸收增多和果实含水量的浓缩作用共同引起的,其中果实对养分吸收增多是主要影响因素,而果实含水量的浓缩作用是次要影响因素。

7.2.4 水氮互作对温室番茄果实糖酸比(SAR)的影响

番茄口感品质取决于果实中可溶性糖和有机酸的比例,即糖酸比(SAR)。2018 年和 2020 年番茄果实 SAR 在穗层间的变化如图 7-6 所示。2018 年果实 SAR 随穗层的增加而显著增大,主要是由果实 SSC 含量随穗层增加而显著增大,而 OA 含量随穗层的增加而降低导致的;2020 年果实 SAR 随穗层增加呈先增大后减小的变化趋势,在第 4 穗时达到最大,与 OA 含量在穗层间的变化规律完全相反,说明穗层对 SAR 的影响受果实 SSC 含量和 OA 含量的共同影响。

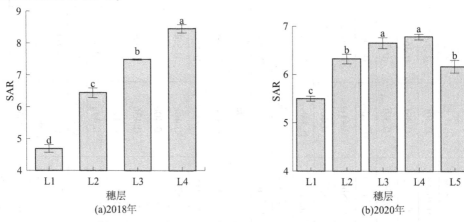

图 7-6 2018 年和 2020 年番茄果实 SAR 在穗层间的变化

表 7-7 为 2018 年和 2020 年不同水氮处理对番茄每穗果实 SAR 影响的方差分析,由表 7-7 可知,灌溉对番茄果实 SAR 无显著影响,施氮对 2018 年(除第 1 穗果实)的 SAR 均产生显著影响,仅对 2020 年第 1、第 5 穗果实 SAR 产生显著影响,而水氮交互作用对番茄果实 SAR 均未产生显著影响。番茄每穗果实 SAR 在各处理间变化规律不明显,原因是番茄每穗果实 SSC 含量和 OA 含量随灌水量的增大而降低,且施氮对果实 SSC 和 OA 含量的影响不同。

7.2.5 水氮互作对温室番茄果实可溶性固形物(TSS)含量的影响

可溶性固形物(TSS)作为番茄最重要的品质指标之一,是番茄果肉中可溶性固体的总称。2018 年和 2020 年番茄果实 TSS 含量在穗层间的变化如图 7-7 所示。由图 7-7 可知,2018 年番茄果实 TSS 含量随穗层的增加而显著增加,2020 年番茄果实 TSS 含量随穗层的增加呈先增大后减小再增大的变化趋势,两年试验果实 TSS 含量随穗层的变化与果实 SSC 含量随穗层的变化规律完全一致,是因为果实 TSS 的主要成分是 SSC 和 OA,且有研究表明 SSC 占 TSS 的 55%,OA 占 11%(Liu et al., 2019),而陈金亮等(2014)也研究表明,TSS 包括约 65% 的糖(蔗糖和己糖)、13% 的酸(柠檬酸和苹果酸)。因此,引起果实 TSS 含量在穗层间变化的影响因素与 SSC 的相同。

表 7-7　2018 年和 2020 年不同水氮处理对温室番茄果实 SAR 影响的方差分析

处理		2018 年 SAR/%				2020 年 SAR/%				
		第 1 穗	第 2 穗	第 3 穗	第 4 穗	第 1 穗	第 2 穗	第 3 穗	第 4 穗	第 5 穗
N0	I1	4.71abcd	5.66e	7.85abc	9.23ab	5.98a	6.70a	6.49a	6.82abc	6.16bc
	I2	4.42cd	5.70e	8.14ab	9.41a	5.47abcd	6.04a	6.62a	7.20a	6.24abc
	I3	4.20d	5.83e	8.83a	9.43a	5.24bcd	6.03a	6.51a	7.05ab	6.33ab
N1	I1	4.61bcd	6.71abcd	7.24bc	8.12cd	5.89ab	6.25a	6.99a	6.80abc	6.59a
	I2	4.78abc	6.27bcde	7.63bc	8.15cd	5.65abc	6.44a	6.79a	6.72abc	6.35ab
	I3	4.69bcd	6.13cde	7.31bc	8.48bcd	5.36abcd	6.20a	6.85a	6.74abc	6.10bc
N2	I1	4.93ab	7.38a	7.66bc	9.16ab	5.85ab	6.57a	6.97a	6.95ab	6.35ab
	I2	4.65bcd	6.86abc	7.31bc	8.99abc	5.56abcd	6.21a	6.85a	6.86abc	6.17bc
	I3	4.90abc	7.43a	7.24bc	7.91de	5.58abc	6.03a	6.72a	6.18c	6.00bc
N3	I1	5.20a	6.97ab	7.07bc	7.18e	5.17cd	6.75a	6.24a	6.70abc	5.88c
	I2	4.69bcd	6.12de	6.83c	7.74de	5.35abcd	6.65a	6.35a	6.84abc	6.06bc
	I3	4.53bcd	6.24bcde	6.72c	7.74de	4.92d	5.99a	6.48a	6.46bc	5.83c
N	N0	4.44a	5.73c	8.27a	9.35a	5.56a	6.25a	6.54ab	7.02a	6.24a
	N1	4.69a	6.37b	7.39b	8.25bc	5.63a	6.30a	6.87a	6.75a	6.35a
	N2	4.83a	7.23a	7.41b	8.68ab	5.67a	6.27a	6.85a	6.66a	6.17ab
	N3	4.81a	6.44b	6.88b	7.55c	5.15b	6.46a	6.36b	6.67a	5.92b
I	I1	4.86a	6.68a	7.46a	8.42a	5.72a	6.57a	6.67a	6.82a	6.25a
	I2	4.63ab	6.24b	7.48a	8.57a	5.51ab	6.34ab	6.65a	6.90a	6.20a
	I3	4.58b	6.41ab	7.53a	8.39a	5.28b	6.06b	6.64a	6.61a	6.07a
Duncan(p)	N	0.162 9	0.001 5	0.022 3	0.008 4	0.001 3	0.808 5	0.081 4	0.204 3	0.041 6
	I	0.072 0	0.082 9	0.969 2	0.642 4	0.084 4	0.051 8	0.988 2	0.288 2	0.240 2
	N×I	0.235 3	0.436 5	0.617 3	0.073 0	0.852 8	0.644 7	0.989 2	0.598 2	0.394 7

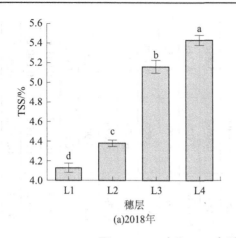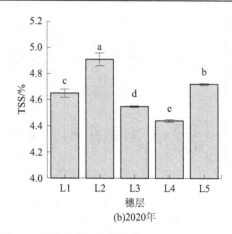

(a)2018年   (b)2020年

图 7-7　2018 年和 2020 年番茄果实 TSS 含量在穗层间的变化

表 7-8 为 2018 年和 2020 年不同水氮处理对温室番茄每穗果实 TSS 含量的影响,由表 7-8 可知,两年试验中灌溉和施氮均显著影响番茄每穗果实 TSS 含量,而水氮交互作用对每穗果实 TSS 含量均未产生显著影响。2018 年第 1、第 2 穗的果实 TSS 含量均在 N3I1 处理时最大,其值分别为 4.80% 和 4.82%;第 3 穗的果实 TSS 含量在 N2I1 处理时最大,为 5.57%;第 4 穗的果实 TSS 含量在 N0I1 处理时最大,为 5.87%,这是由 N0I1 处理第 4 穗的果实 SSC 含量最大,且 OA 含量也较大导致的。2018 年每穗果实 TSS 含量最小的处理均为 N0I3,这是因为每穗果实 N0I3 处理的 SSC 和 OA 含量最小。2020 年第 1 至第 5 穗果实 TSS 含量最大的处理均为 N3I1,最小的处理均为 N0I3。在任一施氮水平下,两年试验番茄每穗果实 TSS 含量均随灌水量增大而减小,原因是果实 SSC 和 OA 含量均随灌水量的增大而减小。在任一灌溉水平下,除 2018 年第 1 穗果实外,其他每穗果实 TSS 含量均随施氮量增大而增大(除 N0I1 下第 3、第 4 穗外),2018 年 N0I1 处理的第 3、第 4 穗果实 TSS 含量均大于 N1I1 处理的,是因为与 N1I1 处理比较,N0I1 处理的第 3、第 4 穗果实 SSC 含量分别提高了 7.02% 和 16.08%(见表 7-5),而 OA 含量无明显变化(见表 7-6);在任一灌溉水平下,2020 年每穗果实 TSS 含量均随施氮量的增大有增大趋势,原因是 TSS 的主要成分 SSC 和 OA 含量均随施氮量的增大而增大。

就相同施氮水平下番茄每穗果实 TSS 含量的平均值而言,2018 年第 1 穗果实 TSS 含量随施氮量的增大而增大,第 2 穗果实 TSS 含量随施氮量的增大呈先增大后减小的变化趋势,N2 施氮水平时达到最大,第 3、第 4 穗果实 TSS 含量均在 N0 施氮水平时最大,这与果实 SSC 含量的变化规律一致。2020 年第 1 至第 5 穗果实 TSS 含量均随施氮量的增大而增大,而果实含水量均随施氮量增大而降低(见图 7-1),果实全氮和全钾含量均随施氮量的增大而显著增大,因此增施氮肥提高 TSS 含量是由果实对养分吸收增多和果实含水量的浓缩作用共同引起的,其中果实对养分吸收增多是主要影响因素。就相同灌溉水平下番茄每穗果实 TSS 含量的平均值而言,番茄每穗果实 TSS 含量均随灌水量的增大而显著降低,而果实含水量也均随灌水量的增大而显著增大,果实中全氮和全钾含量随灌水量增大有降低趋势,但无显著差异,说明灌溉引起果实 TSS 含量降低是由果实含水量的稀释作用和果实对养分吸收减小共同引起的,其中果实含水量的稀释作用是主导因素。

表 7-8　2018 年和 2020 年不同水氮处理对温室番茄每穗果实 TSS 含量的影响

处理		2018 年 TSS/%				2020 年 TSS/%				
		第 1 穗	第 2 穗	第 3 穗	第 4 穗	第 1 穗	第 2 穗	第 3 穗	第 4 穗	第 5 穗
N0	I1	4.30bcd	4.20de	5.33abc	5.87a	4.57cd	4.81cd	4.60bc	4.35bcd	4.70cdef
	I2	4.20cd	4.09de	4.97cd	5.30cd	4.33de	4.64de	4.20de	4.26cd	4.51f
	I3	3.93efg	3.93e	4.68d	5.10d	4.20e	4.55e	4.13e	4.20d	4.50f
N1	I1	4.15cde	4.50bc	5.37ab	5.43bcd	4.73bc	5.03bc	4.76ab	4.44bc	4.9abc
	I2	3.87fg	4.33cd	5.00cd	5.35bcd	4.53cd	4.79d	4.63bc	4.43bc	4.60ef
	I3	3.75g	4.17de	5.03bcd	5.10d	4.47cde	4.64de	4.25de	4.20d	4.53f
N2	I1	4.47b	4.70ab	5.57a	5.76ab	5.00ab	5.25b	4.83ab	4.70a	4.92ab
	I2	3.85fg	4.53bc	5.18bc	5.57abc	4.60cd	4.83cd	4.75ab	4.47b	4.77bcde
	I3	3.84fg	4.33cd	5.07bc	5.17cd	4.57cd	4.70de	4.28de	4.36bcd	4.70cdef
N3	I1	4.80a	4.82a	5.40ab	5.77ab	5.17a	5.64a	4.93a	4.82a	5.00a
	I2	4.36bc	4.67ab	5.20abc	5.57abc	5.03a	5.13b	4.85ab	4.69a	4.81abcd
	I3	4.09def	4.30cd	5.10bc	5.13d	4.57cd	4.85cd	4.40cd	4.36bcd	4.65def
N	N0	4.14b	4.07c	4.99b	5.42ab	4.37c	4.67c	4.31b	4.27d	4.57b
	N1	3.92c	4.33b	5.14ab	5.29b	4.58b	4.82bc	4.55a	4.36c	4.68ab
	N2	4.05bc	4.52a	5.28a	5.50a	4.72b	4.93b	4.62a	4.51b	4.80a
	N3	4.42a	4.60a	5.23a	5.49a	4.92a	5.21a	4.73a	4.62a	4.82a
I	I1	4.43a	4.56a	5.42a	5.71a	4.87a	5.18a	4.78a	4.58a	4.88a
	I2	4.07b	4.41a	5.09b	5.45b	4.63b	4.85b	4.61b	4.46b	4.67b
	I3	3.90c	4.18b	4.97b	5.13c	4.45c	4.69c	4.27c	4.28c	4.60b
Duncan(p)	N	0.001 2	0.001 6	0.022 5	0.036 4	0.000 8	0.002 9	0.016 8	0.000 1	0.016 9
	I	0.000 0	0.000 4	0.001 2	0.000 6	0.000 2	0.000 0	0.000 0	0.000 1	0.000 1
	N×I	0.199 3	0.894 4	0.856 5	0.774 9	0.414 6	0.076 9	0.225 1	0.327 2	0.814 4

7.3 不同果实等级对温室番茄果实品质的影响

番茄果实形态是衡量番茄商品价值的重要指标之一,果实太大或太小均不受消费者喜爱。表 7-9 给出了 2020 年 N1I2 和 N1I3 处理下第 3、第 4 穗不同果实规格(果实规格的划分是依据行业标准《番茄》(GH/T 1193—2021),将果实划分为 L、M、S 三个规格,其中 L 规格:单果重≥250 g,M 规格:单果重 150~250 g,S 规格:单果重<150 g)的品质变化。

表 7-9 2020 年 N1I2 和 N1I3 处理下第 3、第 4 穗不同果实规格的品质变化

处理−穗	规格	FW	FTN	FTK	TSS	VC	OA	SSC	SAR
N1I2−3	L	95.56a	0.69b	1.27b	4.25b	155.08b	0.28b	2.18a	2.62b
	M	95.15b	0.90a	1.42ab	4.79a	170.69a	0.36a	2.34a	3.00ab
	S	95.21b	0.91a	1.48a	4.63a	179.32a	0.34a	2.20a	3.45a
	p	0.052 5	0.000 1	0.064 1	0.014 2	0.015 1	0.005 1	0.363	0.015 8
N1I2−4	L	95.44a	0.82b	1.34a	4.37a	179.06a	0.30b	2.04a	6.72a
	M	95.48a	0.87ab	1.35a	4.35a	192.78a	0.33a	2.01a	6.14a
	S	95.33a	0.91a	1.45a	4.40a	179.74b	0.32a	1.97a	6.17a
	p	0.547 5	0.014 7	0.172 3	0.804 4	0.053 3	0.010 5	0.468 4	0.102 3
N1I3−3	L	95.39a	0.80a	1.26b	4.15a	150.18c	0.33ab	1.89b	5.67a
	M	95.36a	0.85a	1.37a	4.35a	171.26a	0.35a	2.26a	6.41a
	S	95.59a	0.86a	1.39a	4.25a	162.98b	0.31b	2.00ab	6.43a
	p	0.489 2	0.723 0	0.023 9	0.331 8	0.000 1	0.098	0.036 6	0.193 2
N1I3−4	L	95.56a	0.83b	1.34b	4.16a	180.7a	0.30a	1.77b	5.99a
	M	95.72a	0.84b	1.34b	4.20a	175.10a	0.30a	1.98a	6.55a
	S	95.44a	0.98a	1.53a	4.20a	175.39a	0.32a	1.95a	6.13a
	p	0.116 0	0.023 6	0.012 3	0.807	0.510 3	0.362 1	0.000 7	0.114 1

由表 7-9 可知,不同果实规格对 N1I2 处理第 3、第 4 穗果实含水量无显著影响;不同果实规格对 N1I2 处理第 3、第 4 穗果实 FTN 含量产生显著影响,对 FTK 含量无显著性影响,果实 FTN 和 FTK 含量均随实等级的增大而增大。不同果实规格仅对 N1I2 处理第 3 穗果实 TSS 和 VC 含量产生了显著影响,但果实 TSS 和 VC 含量在 M 规格和 L 规格间无显著差异;不同果实规格对 N1I2 处理的第 3、第 4 穗果实 OA 含量均产生了显著影响,但在 M 和 L 规格间无显著差异;SAR 在果实规格间变化规律不明显。

不同果实规格对 N1I3 处理第 3、第 4 穗果实含水量无显著影响,对果实 FTN 和 FTK 含量均产生了显著影响(除 N1I3 处理第 3 穗果实 FTN 含量外),其随果实规格的增大而增大,就 N1I3 处理下相同果实规格第 3、第 4 穗果实养分含量的平均值而言,M 规格果实

FTN 和 FTK 含量分别比 S 规格的提高了 3.68% 和 4.23%，L 规格果实 FTN 和 FTK 含量分别比 M 规格的提高了 12.88% 和 12.31%。不同果实规格对 N1I3 处理第 3、第 4 穗果实 TSS 和 SSC 含量均产生显著影响，对第 3 穗果实 VC 含量产生了显著影响，但对第 4 穗果实 VC 含量无显著影响，对第 3、第 4 穗果实 OA 含量和 SAR 均无显著影响。

综上所述，不同果实规格对果实含水量影响不大；果实养分含量随果实规格的增大而增大；果实规格对不同穗层和不同处理的果实品质的影响不同可能是由于环境变化引起的。但果实规格对果实品质影响不是很大。

7.4　温室番茄综合品质的构建

7.4.1　基于单一评价法的温室番茄果实综合品质构建

本书以试验观测的番茄果实品质指标可溶性糖、维生素 C、有机酸、可溶性固形物和糖酸比作为评价指标，分别采用 TOPSIS 法、GRA 法和 PCA 法对 2018～2020 年不同水氮处理的温室番茄果实品质进行综合评价，并取各评价方法三年综合得分的平均值作为综合评价结果，如表 7-10 所示。由表 7-10 可知，TOPSIS 法评价结果为 N2I1 处理最优，N3I1 处理次之，N0I2 处理最差；GRA 法评价结果为 N3I1 处理最优，N2I1 处理次之，N0I3 处理最差；PCA 法评价结果为 N3I1 处理最优，N2I1 处理次之，N0I2 处理最差。不同评价方法评价结果的排名存在一定的差异。

表 7-10　2018～2020 年不同水氮处理下温室番茄果实品质综合评价得分和排名

处理		TOPSIS		GRA		PCA	
		Q1	排名	Q2	排名	Q3	排名
N0	I1	0.424 8	8	0.554 8	8	0.364 1	9
	I2	0.352 4	12	0.471 5	11	0.182 0	11
	I3	0.354 6	11	0.440 1	12	0.116 4	12
N1	I1	0.602 7	4	0.714 8	3	0.704 1	3
	I2	0.526 5	7	0.587 2	7	0.497 6	6
	I3	0.367 1	10	0.486 4	10	0.248 5	10
N2	I1	0.682 4	1	0.831 6	2	0.837 6	2
	I2	0.621 6	3	0.695 6	4	0.672 0	4
	I3	0.534 3	6	0.600 2	6	0.492 9	7
N3	I1	0.643 9	2	0.912 6	1	0.848 4	1
	I2	0.540 1	5	0.654 3	5	0.626 3	5
	I3	0.384 3	9	0.539 3	9	0.399 0	8

7.4.2 温室番茄果实品质单一评价法的事前检验

三种单一评价法排名的 Kendall 相关系数分析结果见表 7-11。由表 7-11 可知,各单一评价法与其他两种单一评价法评价结果的相关系数的均值为 0.868 7~0.919 2,表明各单一评价法的评价结果存在一定的相关性。其中 TOPSIS 法与其他两种评价法的综合相关性最弱,PCA 法与其他两种评价法的综合相关性最强,GRA 法次之。

表 7-11 三种单一评价法排名的 Kendall 相关系数分析

项目	TOPSIS			GRA			PCA			均值
	2018 年	2019 年	2020 年	2018 年	2019 年	2020 年	2018 年	2019 年	2020 年	
TOPSIS	1.000 0	1.000 0	1.000 0	0.787 9	0.787 9	0.848 5	0.787 9	0.848 5	0.757 6	0.868 7
GRA	0.787 9	0.787 9	0.848 5	1.000 0	1.000 0	1.000 0	1.000 0	0.939 4	0.848 5	0.912 5
PCA	0.787 9	0.848 5	0.848 5	1.000 0	0.939 4	0.848 5	1.000 0	1.000 0	1.000 0	0.919 2

进一步采用 Kendall-W 协和系数检验方法进行事前检验。该检验主要考查 m 种评价方法对 n 个对象的评判结果是否一致。通过讨论协和系数 W 显示样本数据的实际符合与最大符合之间的分歧程度,计算得到 Kendall-W 协和系数 $W = 0.984\ 0$,则 $\chi^2 = m(n-1)W = 32.47 \geq \chi^2_{0.01/11} = 24.72$,表明 3 种方法具有相容性,满足事前一致性检验。

7.4.3 温室番茄果实品质组合评价法的构建

TOPSIS 法、GRA 法和 PCA 法得到的番茄果实综合品质排名结果有所差异,因而需对评价结果较为接近的方法进行组合。组合评价法的计算步骤如下:

(1)对各单一评价法的评价值进行标准化处理,以消除其值在数量级上的差异。本书中 TOPSIS 法、GRA 法和 PCA 法得到的综合品质指标具有相同的数量级别,因此不需要进行标准化处理。

(2)对三种单一评价法得到的各处理的番茄果实品质综合得分排名与番茄各单一品质评价指标排名进行 Spearman 相关分析,并将三种评价方法下的相关系数分别求和,然后进行归一化处理,获得各单一评价法的权重 ω_k:

$$\omega_k = \rho_k \Big/ \sum_{j=1}^{m} \rho_j \tag{7-1}$$

式中:ρ_k 为每一种评价方法的 Spearman 相关系数之和,$k = 1, 2, \cdots, m$,$j = 1, 2, \cdots, m$。

通过 Spearman 相关分析,2018~2020 年各评价法得到的果实综合品质排名与番茄各单一品质评价指标排名的 Spearman 相关系数及各单一评价法权重的计算结果如表 7-12 所示。由表 7-12 可知,2018 年、2019 年和 2020 年 TOPSIS 法权重分别为 0.34、0.35 和 0.35,GRA 法权重分别为 0.33、0.32 和 0.34,PCA 法权重分别为 0.33、0.33 和 0.31,因此三年试验 TOPSIS 法权重的平均值为 0.35,GRA 法权重的平均值为 0.33,PCA 法权重的平均值为 0.32。

表 7-12　2018~2020 年各评价法与果实评价指标排名的 Spearman 系数及权重的确定

年份	模型	TSS	SSC	VC	OA	SAR	系数之和	权重
2018	TOPSIS	0.84***	0.91***	0.80*	−0.62*	0.92***	2.85	0.34
	GRA	0.95***	0.99***	0.95***	−0.86***	0.80**	2.83	0.33
	PCA	0.95***	0.99***	0.95***	−0.86***	0.80**	2.83	0.33
	合计						8.51	
2019	TOPSIS	0.80**	0.86***	0.91***	−0.66*	0.64*	2.55	0.35
	GRA	0.97***	0.98***	0.99***	−0.88***	0.29ns	2.35	0.32
	PCA	0.92***	0.96***	0.99***	−0.83**	0.41ns	2.45	0.33
	合计						7.35	
2020	TOPSIS	0.67*	0.85***	0.77**	−0.54	0.95***	2.70	0.35
	GRA	0.78**	0.92***	0.66*	−0.66*	0.94***	2.64	0.34
	PCA	0.88***	0.99***	0.49ns	−0.80**	0.88***	2.44	0.31
	合计						7.78	

（3）计算各评价对象的组合评价值 Q：

$$Q = \sum_{j=1}^{m} w_j z_{ij} \tag{7-2}$$

式中：z_{ij} 为 TOPSIS 法、GRA 法和 PCA 法确定的番茄综合品质指标值。

2018~2020 年组合评价法的评价结果见表 7-13。由表 7-13 可知，N3I1 处理的番茄果实综合品质最优，N2I1 处理的次之，N0I3 处理的番茄果实综合品质最差。

表 7-13　2018~2020 年组合评价法的评价结果

项目	N0			N1			N2			N3		
	I1	I2	I3	I1	I2	I3	I1	I2	I3	I1	I2	I3
Q 值	0.45	0.34	0.31	0.67	0.54	0.37	0.78	0.66	0.54	0.80	0.61	0.44
排名	8	11	12	3	7	10	2	4	6	1	5	9

7.4.4　温室番茄果实品质组合评价法的事后检验

组合评价法（CEM）与单一评价法的评价值排名的 Spearman 相关性分析见表 7-14。三年相关系数的均值为 0.944 0~0.983 7，表明组合评价法与单一评价法具有很强的相关性，三种评价法都适合用于番茄综合品质的评价，其中 GRA 法和 PCA 法与组合评价法相关性最强，相关系数均高达 0.983 7，而 TOPSIS 法与组合评价法的相关系数也高达 0.944 0，因此没必要进行组合，单一评价法就可用来评价番茄的综合品质，且 GRA 法和

PCA 法更适合番茄品质的综合评价。

表 7-14　组合评价法（CEM）与单一评价法的评价值排名的 Spearman 相关性分析

项目	TOPSIS			GRA			PCA		
	2018 年	2019 年	2020 年	2018 年	2019 年	2020 年	2018 年	2019 年	2020 年
CME	0.916 1***	0.958 0***	0.958 0***	1.000 0***	0.972 0***	0.979 0***	1.000 0***	0.993 0***	0.958 0***
均值		0.944 0***			0.983 7***			0.983 7***	

7.4.5　水氮互作对温室番茄综合品质的影响

由表 7-10 可知,GRA 法和 PCA 法构建的番茄综合品质最优的处理均为 N3I1,其值分别为 0.912 6 和 0.848 4;N2I1 处理的次之,其值分别为 0.831 6 和 0.837 6;N0I3 处理的最差,其值分别为 0.440 1 和 0.116 4,但 N3I1 处理的综合品质较 N2I1 的仅分别提高了 9.74% 和 1.29%。水氮互作明显影响了番茄果实的综合品质,在同一施氮水平下,GRA 法和 PCA 法构建的综合品质均随灌水量的减少而增大;不同灌水条件下施氮对果实综合品质的影响不一致,在低灌溉水平(I1)下,综合品质随施氮量的增大而增大,在中灌溉水平(I2)和高灌溉水平(I3)下,综合品质随施氮量的增大呈先增大后减小的变化趋势,其中在 N2 施氮水平时达到最大。

7.5　温室番茄综合品质的简化

7.5.1　水氮互作下温室番茄果实品质指标之间的相关性

表 7-15 为 2020 年番茄果实品质之间的相关关系。基于 2020 年的试验观测结果,分析了番茄果实营养(VC、可溶性蛋白 SP 和可溶性固形物 TSS)、外观(横径 TD、纵径 LD、果径 FD 和平均单果重 MFW)、口感(可溶性糖 SSC、有机酸 OA 及两者比值糖酸比 SAR)、储存(果实含水量 FW 和硬度 FF)品质及果实养分(果实全氮 FTN、果实全钾 FTK)含量之间的相关关系。由表 7-15 可得到以下结论:

(1)TSS 与果实营养品质指标 SP 呈极显著的正相关关系,与果实外观品质指标 TD、FD 和 MFW 呈显著的负相关关系,与果实口感品质指标 SSC 和 OA 呈极显著的正相关关系,与果实存储指标 FW 呈极显著的负相关关系,与果实养分指标 FTN 和 FTK 呈极显著的正相关关系。

(2)SSC 与果实营养品质指标 VC、TSS 和 SP 呈显著的正相关关系,与果实外观品质指标 TD、FD 和 MFW 呈显著的负相关关系,与果实口感品质指标 OA 呈极显著的正相关关系,与果实存储指标 FW 呈极显著的负相关关系,与果实养分指标 FTN 和 FTK 呈显著的正相关关系。

(3)OA 与果实营养品质指标 TSS 和 SP、口感品质指标 SSC 及养分指标 FTN 和 FTK

表 7-15 2020 年番茄果实品质指标之间的相关关系

因子	TSS	SSC	OA	VC	SP	FW	SAR	TD	LD	FD	MFW	FF	FTN	FTK
TSS	1													
SSC	0.974 5***	1												
OA	0.946 4***	0.884 3***	1											
VC	0.496 4ns	0.597 4*	0.282 5ns	1										
SP	0.924 8***	0.879 6***	0.912 2***	0.555 8ns	1									
FW	-0.976 4***	-0.970 7***	-0.889 5***	-0.575 1ns	-0.901 5***	1								
SAR	0.195 2ns	0.373 5ns	-0.101 4ns	0.712 3*	0.061 4ns	-0.306 7ns	1							
TD	-0.818 6***	-0.876 4***	-0.717 7*	-0.772 7***	-0.846 7***	0.851 0***	-0.456 1ns	1						
LD	-0.032 3ns	-0.061 8ns	-0.023 8ns	-0.368 2ns	-0.214 6ns	0.090 1ns	-0.122 3ns	0.317 1ns	1					
FD	-0.587 5*	-0.670 0***	-0.451 4ns	-0.753 6*	-0.588 2*	0.615 3*	-0.538 5ns	0.798 3***	0.240 6ns	1				
MFW	-0.770 3***	-0.837 7***	-0.670 8*	-0.780 6*	-0.812 5***	0.799 4***	-0.468 4ns	0.993 9***	0.385 8ns	0.794 4**	1			
FF	-0.339 4ns	-0.165 9ns	-0.533 9ns	0.532 5ns	-0.311 9ns	0.207 9ns	0.709 7*	-0.098 5ns	-0.369 6ns	-0.174 4ns	-0.153 7ns	1		
FTN	0.728 8**	0.604 7*	0.856 0***	-0.188 4ns	0.659 5*	-0.642 6*	-0.419 3ns	-0.290 7ns	0.257 4ns	-0.069 3ns	-0.221 0ns	-0.837 5***	1	
FTK	0.799 3**	0.694 0*	0.888 9***	-0.094 0ns	0.665 8*	-0.719 9*	-0.289 6ns	-0.367 5ns	0.235 7ns	-0.187 2ns	-0.299 4ns	-0.770 4***	0.968 9***	1

注:TSS 是可溶性固形物,%;VC 是维生素,mg/kg;OA 是有机酸,%;SP 是可溶性蛋白,mg/g;SSC 是可溶性糖,%;TD 是横径,mm;LD 是纵径,mm;FD 是果径,mm;FW 是平均单果重,g;FF 是果实硬度,kg/cm²;FTN 是鲜果中全氮含量,mg/g;FTK 是鲜果中全钾含量,mg/g。数字后面的字符意义为:ns 代表不显著,* 代表 p<0.05 的显著性,** 代表 p<0.01 的显著性,*** 代表 p<0.001 的显著性。

呈极显著的正相关关系,与果实外观品质指标 TD 和 MFW 及存储指标 FW 呈显著的负相关关系。

（4）VC 与果实口感品质指标 SSC 和 SAR 呈显著正相关关系,与果实外观品质指标 TD、FD 和 MFW 呈显著的负相关关系。

（5）SP 与果实营养品质指标 TSS、口感品质指标 SSC 和 OA 及养分指标 FTN 和 FTK 呈显著的正相关关系,与果实外观品质指标 TD、FD 和 MFW 及存储指标 FW 呈显著的负相关关系。

（6）FW 与果实营养品质指标 TSS 和 SP 呈极显著的正相关关系,与果实外观品质指标 TD、FD 和 MFW 呈显著的正相关关系,与果实口感品质指标 SSC 和 OA 呈极显著的负相关关系,与果实养分指标 FTN 和 FTK 呈显著的负相关关系。

由以上分析可知,品质指标之间均存在一定的相关关系,这与其他研究者的结果相一致（Liu et al., 2019; Li et al., 2021）。TSS 不仅可以直接反映番茄果实的营养品质、外观品质、口感品质、存储品质及果实养分含量,而且与其他指标相关性达到极显著水平（$p < 0.01$）所占的比例最大,为 88.89%。此外,TSS 测量简单、快捷、精度高,结果易于获取。

7.5.2　水氮互作下温室番茄果实 TSS 与果实综合品质得分的相关性

本书研究发现,番茄果实 TSS 含量与番茄果实外观、营养、存储、口感品质及养分指标存在较强的相关性（见表 7-15）。因此,将果实 TSS 含量与番茄综合品质得分进行相关分析,分析结果如图 7-8 所示。由图 7-8 可以看出,2018~2020 年 PCA 法和 GRA 法综合得分 Q 与果实中 TSS 含量均呈极显著的正相关关系,三年试验 PCA 法和 GRA 法决定系数 R^2 的平均值分别为 0.898 3 和 0.869 8,且 p 均小于 0.01。因此,番茄果实中 TSS 可以代表番茄综合品质。

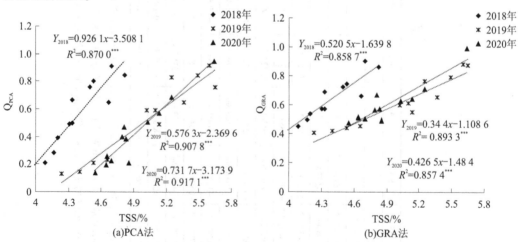

图 7-8　2018~2020 年 PCA 法和 GRA 法综合得分与番茄果实 TSS 含量之间的关系

7.6　小　结

（1）穗层、灌溉和施氮均显著影响番茄果实含水量、全氮和全钾含量。果实含水量、全氮（FTN）和全钾（FTK）含量在穗层间的顺序由高到低分别为第 4 穗>第 5 穗>第 3 穗>第 1 穗>第 2 穗、第 1 穗>第 2 穗>第 5 穗>第 3 穗>第 4 穗、第 2 穗>第 3 穗>第 5 穗>第 1 穗>第 4 穗，果实 FTN 和 FTK 含量在穗层间的变化可能是果实含水量的稀释作用引起的。果实含水量随灌水量的增加而显著增大，随施氮量增大而减小；果实 FTN 和 FTK 含量随灌水量增加有减小的变化趋势，随施氮量的增大而显著增大。增加灌水量导致果实 FTN 和 FTK 含量下降主要是由果实含水量的稀释作用引起的。

（2）任一施氮水平下，增加灌水量导致番茄每穗果实可溶性固形物、维生素 C、可溶性糖和有机酸含量下降是因果实养分吸收量下降和果实含水量的稀释作用共同影响的，其中果实含水量的稀释作用是主要影响因素，果实养分吸收下降是次要影响因素；适当增施氮肥有助于每穗果实品质的提高是由果实养分吸收量增多、光合同化物合成增多和果实含水量的浓缩作用共同引起的，其中果实养分吸收量增多是主要影响因素。

（3）果实 SSC 含量在穗层间的变化由太阳总辐射、果实含水量和果实养分吸收共同影响，其中当太阳总辐射随生育阶段推进而逐渐增加或变化幅度不大时，高穗层果实凸显出增加光合有效辐射，促进光合同化物的形成与运转，果实 SSC 含量在穗层间的变化主要受太阳总辐射影响；若太阳总辐射随生育期的推进呈下降趋势，削弱了高穗层果实接收太阳辐射的能力，果实 SSC 含量与果实含水量成反比，与 FTN 成正比，说明 SSC 在穗层间的变化主要受果实含水量和果实养分吸收量的共同影响；果实维生素 C 含量在穗层间的变化主要是由光照引起的；果实有机酸（OA）含量在穗层间的变化受果实全氮含量和环境温度共同影响，果实全氮含量和空气温度谁是主要影响因素则取决于土壤养分状况；果实糖酸比（SAR）在穗层间的变化取决于果实 SSC 含量和 OA 含量；可溶性固形物（TSS）在穗层间的变化主要取决于果实 SSC 含量。

（4）不同果实规格对果实含水量无显著影响，而果实全氮和全钾含量随果实规格增大而增大，果实规格对番茄果实品质指标影响不明显。

（5）PCA 法和 GRA 法较适用于温室番茄综合品质的评价，其评价结果均为 N3I1 处理（施氮量为 450 kg/hm² + 灌水量为 50%E_{pan}）番茄果实综合品质最优，模型评价品质综合得分与果实可溶性固形物（TSS）含量呈极显著的正相关关系，且果实 TSS 与营养、存储、外观、口感品质及果实养分存在显著相关关系。因此，果实 TSS 可以用作反映番茄综合品质指标的简化指标。

第8章　温室番茄优质高效灌溉施肥评价方法与模式

传统的水肥管理主要是以追求产量最大或损失最小作为目标,将有限的水肥在作物生育期内进行合理分配,这种方法主要适用于收获籽粒干重为产量的作物。而对于设施果蔬,如番茄,收获物多以鲜果为主,伴随市场供给趋于饱和和人们生活水平的提高,人们对果蔬品质的要求日益提高,传统的单纯追求高产的目标应向优质、稳产、高效、绿色和生态环保等多目标协调统一转变,且更加注重产品品质和生产环境的绿色环保。影响多目标协调和实现的因素很多,且因素间相互影响、相互制约,因此要使各要素同时达到最优存在很大的难度。主观上的单目标比较存在人为判断差异,因此运用数学方法进行多目标综合评价寻优将是实现多目标整体最优的可行途径。本章以第3章、第4章、第5章和第6章的生物量、土壤环境、产量、水分利用效率、氮肥偏生产力和品质作为评价的目标体系,利用近似理想解(TOPSIS)法、灰色关联分析(GRA)法和主成分分析(PCA)法评价温室番茄高产优质高效的灌溉施氮模式,定量评估灌溉和施氮对综合指标的影响效应,为日光温室番茄栽培生产中水氮管理模式的制订提供理论和技术参考。

8.1　基于近似理想解(TOPSIS)法的温室番茄最优灌溉施氮模式

8.1.1　原始评价指标数据

本书基于2018年和2020年的试验观测与分析结果,选取具有代表性的地上部分生物量(TAB)、产量(Yield)、水分利用效率(WUE)、氮肥偏生产力(PFP_n)和品质指标可溶性固形物(TSS)作为原始的评价指标体系,具体的原始评价指标数据如表8-1所示。

表8-1　2018年和2020年不同水氮处理的番茄评价指标原始数据

处理	2018年					2020年				
	TAB	Yield	WUE	PFP_n	TSS	TAB	Yield	WUE	PFP_n	TSS
N1I1	10 822.61	101.00	45.32	673.34	4.50	11 930.72	128.12	51.89	854.15	5.03
N1I2	10 929.54	105.51	43.41	703.41	4.33	12 285.05	138.09	46.07	920.62	4.79
N1I3	11 053.13	107.76	39.05	718.42	4.17	12 458.60	143.25	42.49	954.99	4.64
N2I1	11 107.42	104.04	47.18	346.80	4.70	11 464.37	116.32	52.27	387.72	5.25
N2I2	11 454.12	107.47	44.00	358.25	4.53	12 453.76	138.50	46.88	461.68	4.83

续表 8-1

处理	2018 年					2020 年				
	TAB	Yield	WUE	PFP_n	TSS	TAB	Yield	WUE	PFP_n	TSS
N2I3	11 793.26	112.69	42.45	375.65	4.33	12 904.29	143.93	42.27	479.78	4.70
N3I1	9 704.00	87.03	41.30	193.39	4.82	10 198.98	105.87	44.48	235.27	5.64
N3I2	11 611.24	109.97	44.28	244.37	4.67	12 517.98	133.26	47.99	296.13	5.13
N3I3	12 490.96	117.15	43.32	260.34	4.30	13 964.62	151.57	45.00	336.81	4.85

注：TAB 为番茄地上部分生物量，kg/hm^2；Yield 为产量，t/hm^2；WUE 为水分利用效率，kg/m^3；PFP_n 为氮肥偏生产力，kg/kg；TSS 为可溶性固形物，%。

8.1.2　原始数据归一化和优劣解的确定

不同的指标数据，量纲不同。为消除不同量纲对评价结果的影响，需将原始评价指标数据进行归一化处理即标准化，并从归一化后的数据列中确定最优方案 Z_{max} 和最劣方案 Z_{min}。2018 年和 2020 年评价指标原始数据归一化和优劣解的确定见表 8-2。

表 8-2　2018 年和 2020 年评价指标原始数据归一化和优劣解的确定

处理	2018 年					2020 年				
	TAB	Yield	WUE	PFP_n	TSS	TAB	Yield	WUE	PFP_n	TSS
N1I1	0.320 9	0.317 2	0.347 9	0.473 9	0.334 2	0.323 8	0.318 9	0.370 2	0.467 4	0.335 8
N1I2	0.324 1	0.331 3	0.333 2	0.495 1	0.321 8	0.333 5	0.343 8	0.328 7	0.503 8	0.319 8
N1I3	0.327 7	0.338 4	0.299 7	0.505 6	0.309 4	0.338 2	0.356 6	0.303 2	0.522 6	0.309 7
N2I1	0.329 3	0.326 7	0.362 2	0.244 1	0.349 0	0.311 2	0.289 6	0.373 0	0.212 2	0.350 5
N2I2	0.339 6	0.337 5	0.337 8	0.252 1	0.336 6	0.338 0	0.344 8	0.334 5	0.252 6	0.322 4
N2I3	0.349 7	0.353 9	0.325 2	0.264 4	0.321 8	0.350 3	0.358 3	0.301 6	0.262 6	0.313 7
N3I1	0.287 7	0.273 3	0.317 0	0.136 1	0.358 2	0.276 8	0.263 5	0.317 4	0.128 7	0.376 5
N3I2	0.344 3	0.345 3	0.339 9	0.172 0	0.346 5	0.339 8	0.331 7	0.342 4	0.161 1	0.342 5
N3I3	0.370 4	0.367 9	0.332 6	0.183 2	0.319 5	0.379 1	0.377 3	0.321 0	0.184 3	0.323 8
Z_{max}	0.370 4	0.367 9	0.362 2	0.505 6	0.358 2	0.379 1	0.377 3	0.373 0	0.522 6	0.376 5
Z_{min}	0.287 7	0.273 3	0.299 7	0.136 1	0.309 4	0.276 8	0.263 5	0.301 6	0.128 7	0.309 4

8.1.3　各评价指标与最优方案的接近程度

首先计算每个评价指标与最优方案 Z_{max} 和最劣方案 Z_{min} 的加权距离 D^+ 和 D^-，然后计算各评价对象与最优方案的接近程度 C_i，C_i 越接近 1，说明综合效益越好。2018 年和 2020 年不同水氮处理下温室番茄各评价指标与最优方案的接近程度如表 8-3 所示。

表 8-3 2018 年和 2020 年不同水氮处理下温室番茄各评价指标与最优方案的接近程度

处理	2018 年				2020 年				均值	
	D^+	D^-	C_i	排名	D^+	D^-	C_i	排名	C_i	排名
N1I1	0.082 5	0.346 5	0.807 7	2	0.105 7	0.354 1	0.770 2	3	0.789 0	3
N1I2	0.075 8	0.367 2	0.828 8	1	0.093 5	0.388 8	0.806 2	1	0.817 5	1
N1I3	0.094 7	0.377 3	0.799 4	3	0.106 9	0.409 3	0.792 9	2	0.796 2	2
N2I1	0.268 1	0.147 3	0.354 7	6	0.330 7	0.124 8	0.273 9	7	0.314 3	6
N2I2	0.259 2	0.149 9	0.366 4	5	0.282 9	0.164 1	0.367 2	5	0.366 8	5
N2I3	0.247 9	0.166 2	0.401 3	4	0.279 0	0.179 7	0.391 7	4	0.396 5	4
N3I1	0.392 9	0.051 7	0.116 4	9	0.426 1	0.068 6	0.138 6	9	0.127 5	9
N3I2	0.336 4	0.112 5	0.250 7	8	0.368 4	0.111 6	0.232 5	8	0.241 6	8
N3I3	0.326 1	0.138 5	0.298 1	7	0.346 3	0.164 5	0.322 0	6	0.310 1	7

由表 8-3 可知,2018 年 N1I2 处理各评价指标与最优方案的接近程度最大,为 0.828 8,N1I1 处理的次之,为 0.807 7,N3I1 处理的最差,为 0.116 4;2020 年 N1I2 处理各评价指标与最优方案的接近程度最大,为 0.806 2,N1I3 处理的次之,为 0.792 9,N3I1 处理的最差,为 0.138 6;两年试验接近程度的平均值以 N1I2 处理的为最大,为 0.817 5,N1I3 处理的次之,为 0.796 2,N3I1 处理的最差,为 0.127 5。2018 年各处理与最优方案的接近程度的排名顺序由大到小为 N1I2>N1I1>N1I3>N2I3>N2I2>N2I1>N3I3>N3I2>N3I1,2020 年的排名顺序由大到小为 N1I2>N1I3>N1I1>N2I3>N2I2>N3I3>N2I1>N3I2>N3I1,两年试验接近程度平均值的排名顺序由大到小为 N1I2>N1I3>N1I1>N2I3>N2I2>N2I1>N3I3>N3I2>N3I1。由以上分析可知,两年试验中,排名前 3 的均为低氮水平(N1),排名较靠后的为高氮水平(N3),且两年试验排名第 1 的均为 N1I2 处理,排名最后的均为 N3I1 处理,两年试验评价结果的相关系数高达 0.966 7($p = 0.000\ 0$)。这说明日光温室番茄综合效益最优的水氮组合为 N1I2(施氮量为 150 kg/hm² + 灌水量为 70% E_{pan}),而最应该被淘汰的水氮组合为 N3I1 处理(施氮量为 450 kg/hm² + 灌水量为 50% E_{pan})。

8.2 基于灰色关联分析(GRA)法的温室番茄最优灌溉施氮模式

8.2.1 原始比较数据的确定

基于 2018 年和 2020 年试验获得的不同水氮处理番茄灌溉施氮模式评价指标原始数据,包括不同水氮处理下番茄地上部分生物量、产量、水分利用效率、氮肥偏生产力和品质指标可溶性固形物,构成了原始比较数列,如表 8-1 所示。

8.2.2 原始数据无量纲化和参考数据 X_0 的确定

由于评价体系中各因素的量纲不同,因此需要对原始数据进行无量纲化处理,即用第一行数据去除对应的每一行数据,并将每列中最大的数作为参考数据 X_0,其结果如表 8-4 所示。

表 8-4　2018 年和 2020 年不同水氮处理下番茄各评价指标无量纲化和参考数据 X_0 的确定

处理	2018 年					2020 年				
	TAB	Yield	WUE	PFP$_n$	TSS	TAB	Yield	WUE	PFP$_n$	TSS
N1I1	1.00	1.00	1.00	1.00	1.00	1.00	1.00	1.00	1.00	1.00
N1I2	1.01	1.04	0.96	1.04	0.96	1.03	1.08	0.89	1.08	0.95
N1I3	1.02	1.07	0.86	1.07	0.93	1.04	1.12	0.82	1.12	0.92
N2I1	1.03	1.03	1.04	0.52	1.04	0.96	0.91	1.01	0.45	1.04
N2I2	1.06	1.06	0.97	0.53	1.01	1.04	1.08	0.90	0.54	0.96
N2I3	1.09	1.12	0.94	0.56	0.96	1.08	1.12	0.81	0.56	0.93
N3I1	0.90	0.86	0.91	0.29	1.07	0.85	0.83	0.86	0.28	1.12
N3I2	1.07	1.09	0.98	0.36	1.04	1.05	1.04	0.92	0.35	1.02
N3I3	1.15	1.16	0.96	0.39	0.96	1.17	1.18	0.87	0.39	0.96
X_0	1.15	1.16	1.04	1.07	1.07	1.17	1.18	1.01	1.12	1.12

8.2.3　关联系数的计算

根据第 2 章中给出的关联系数的计算方法,计算得到 2018 年和 2020 年不同水氮处理下番茄各评价指标与参考数据的关联系数,如表 8-5 所示。

表 8-5　2018 年和 2020 年不同水氮处理下番茄各评价指标与参考数据的关联系数

处理	2018 年					2020 年				
	TAB	Yield	WUE	PFP$_n$	TSS	TAB	Yield	WUE	PFP$_n$	TSS
N1I1	0.72	0.71	0.90	0.85	0.85	0.71	0.70	0.98	0.78	0.78
N1I2	0.73	0.77	0.82	0.95	0.78	0.75	0.80	0.78	0.91	0.71
N1I3	0.75	0.81	0.68	1.00	0.73	0.77	0.87	0.69	1.00	0.68
N2I1	0.75	0.75	1.00	0.41	0.94	0.67	0.60	1.00	0.39	0.84
N2I2	0.80	0.80	0.85	0.42	0.86	0.77	0.81	0.80	0.42	0.72
N2I3	0.86	0.90	0.79	0.43	0.78	0.83	0.88	0.69	0.43	0.69
N3I1	0.60	0.57	0.75	0.33	1.00	0.57	0.54	0.74	0.33	1.00
N3I2	0.83	0.85	0.86	0.36	0.92	0.78	0.75	0.84	0.35	0.81
N3I3	1.00	1.00	0.82	0.36	0.77	1.00	1.00	0.75	0.37	0.73

8.2.4 关联度的计算和排名

由于各指标与参考数据列的关联系数多,不便用于处理间的比较,因此将同一处理下各指标的关联系数取平均值,即为关联度,然后基于关联度判断处理间的优劣,即关联度越大,结果越优。2018 年和 2020 年不同水氮处理下温室番茄各评价指标的关联度和排名结果见表 8-6。

表 8-6 2018 年和 2020 年不同水氮处理下温室番茄各评价指标的关联度和排名

2018 年			2020 年			均值	
处理	关联度	排名	处理	关联度	排名	关联度	排名
N1I1	0.806 0	2	N1I1	0.789 9	3	0.798 0	2
N1I2	0.810 8	1	N1I2	0.791 0	2	0.800 9	1
N1I3	0.793 6	3	N1I3	0.801 2	1	0.797 4	3
N2I1	0.770 6	5	N2I1	0.701 1	8	0.735 9	5
N2I2	0.746 6	8	N2I2	0.704 3	5	0.725 4	8
N2I3	0.752 1	7	N2I3	0.702 3	7	0.727 2	7
N3I1	0.650 5	9	N3I1	0.636 8	9	0.643 6	9
N3I2	0.762 0	6	N3I2	0.703 8	6	0.732 9	6
N3I3	0.791 3	4	N3I3	0.769 4	4	0.780 3	4

由表 8-6 可知,2018 年 N1I2 处理的关联度最大,为 0.810 8,N1I1 处理的次之,为 0.806 0,而 N3I1 处理的关联度最小,为 0.650 5;2020 年 N1I3 处理的关联度最大,为 0.801 2,N1I2 处理的次之,为 0.791 0,N3I1 处理的最小,为 0.636 8;虽然两年试验结果存在一定的差异,但两年试验结果排名的相关系数高达 0.800 0($p=0.009\ 6$)。2018 年不同水氮处理下番茄灌溉施氮模式评价结果的关联度排名顺序由高到低为 N1I2>N1I1>N1I3>N3I3>N2I1>N3I2>N2I3>N2I2>N3I1,2020 年不同水氮处理下番茄灌溉施氮模式评价结果的关联度排名顺序由高到低为 N1I3>N1I2>N1I1>N3I3>N2I2>N3I2>N2I3>N2I1>N3I1,两年试验不同水氮处理下番茄灌溉施氮模式评价结果关联度平均值的排名顺序由高到低为 N1I2>N1I1>N1I3>N3I3>N2I1>N3I2>N2I3>N2I2>N3I1。由以上分析可知,N1I2(施氮量为 150 kg/hm² + 灌水量为 70%E_{pan})水氮组合的温室番茄综合效益最好,N3I1 处理(施氮量为 450 kg/hm² + 灌水量为 50%E_{pan})水氮组合的温室番茄综合效益最差。因此,低肥中水的灌溉施氮模式在本试验区域可被推广应用,而高肥低水的水氮组合在实际生产中应被淘汰。

8.3　基于主成分分析(PCA)法的温室番茄最优灌溉施氮模式

8.3.1　原始评价指标的标准化

基于 PCA 法确定温室番茄最优灌溉施氮管理模式的评价指标体系原始数据见表 8-1。为消除不同评价指标量纲不同对评价结果的影响,需对原始评价指标数据进行标准化处理,2018 年和 2020 年番茄评价指标的标准化如表 8-7 所示。

表 8-7　2018 年和 2020 年番茄评价指标的标准化

处理	2018 年					2020 年				
	TAB	Yield	WUE	PFP_n	TSS	TAB	Yield	WUE	PFP_n	TSS
N1I1	-0.514 7	-0.569 6	0.839 4	1.159 0	0.073 3	-0.302 9	-0.353 0	1.460 6	1.082 8	0.143 8
N1I2	-0.375 6	-0.039 5	0.019 0	1.302 4	-0.693 6	0.041 8	0.338 5	-0.145 3	1.317 4	-0.613 8
N1I3	-0.215 0	0.225 2	-1.855 5	1.374 1	-1.460 6	0.210 7	0.696 0	-1.131 4	1.438 7	-1.087 3
N2I1	-0.144 4	-0.212 6	1.637 1	-0.399 1	0.993 6	-0.756 6	-1.171 8	1.566 7	-0.564 0	0.838 3
N2I2	0.306 4	0.191 1	0.271 1	-0.344 5	0.226 7	0.206 0	0.367 0	0.079 5	-0.302 8	-0.487 5
N2I3	0.747 3	0.804 6	-0.394 9	-0.261 4	-0.693 6	0.644 3	0.743 6	-1.192 5	-0.238 9	-0.897 9
N3I1	-1.969 0	-2.212 2	-0.888 4	-1.131 0	1.561 1	-1.987 8	-1.896 2	-0.582 6	-1.102 2	2.069 4
N3I2	0.510 6	0.484 1	0.391 2	-0.887 8	0.840 2	0.268 5	0.003 2	0.385 7	-0.887 3	0.459 5
N3I3	1.654 4	1.328 9	-0.018 9	-0.811 6	-0.847 0	1.675 9	1.272 8	-0.440 9	-0.743 7	-0.424 4

8.3.2　评价指标间的相关系数

根据标准化的评价指标(见表 8-7)计算各评价指标之间的相关系数,得到 2018 年和 2020 年番茄各评价指标间的相关系数,如表 8-8 所示。

表 8-8　2018 年和 2020 年番茄各评价指标间的相关系数

评价指标	2018 年					2020 年				
	TAB	Yield	WUE	PFP_n	TSS	TAB	Yield	WUE	PFP_n	TSS
TAB	1	0.969 0	0.178 5	-0.149 2	-0.510 6	1	0.951 6	-0.262 3	0.118 4	-0.789 1
Yield	0.969 0	1	0.077 3	0.049 9	-0.652 5	0.951 6	1	-0.437 2	0.322 1	-0.913 3
WUE	0.178 5	0.077 3	1	-0.190 5	0.460 0	-0.262 3	-0.437 2	1	-0.028 9	0.379 0
PFP_n	-0.149 2	0.049 9	-0.190 5	1	-0.617 2	0.118 4	0.322 1	-0.028 9	1	-0.587 6
TSS	-0.510 6	-0.652 5	0.460 0	-0.617 2	1	-0.789 1	-0.913 3	0.379 0	-0.587 6	1

8.3.3 主成分的提取

由各评价指标相关系数组成的相关系数矩阵,求解相关系数矩阵的特征值和特征值对应的特征向量,结果如表 8-9 所示。主成分分析法一般是选择主成分累计贡献率达到 85% 以上的 n 个主成分进行综合分析。温室番茄不同水氮处理下 2018 年 3 个主成分的贡献率分别为 50.02%、33.02% 和 16.12%,累计贡献率达到 99.17%;2020 年 3 个主成分的贡献率分别为 62.56%、20.67% 和 15.54%,累计贡献率达到 98.77%,说明两年试验中 3 个主成分包含了番茄各评价指标所提供信息总量的 98.00% 以上。

表 8-9 主成分分析法确定的番茄综合效益的特征值、特征向量和贡献率

年份	主成分	TAB	Yield	WUE	PFP_n	TSS	特征值	贡献率/%	累计贡献率/%
	主成分 1	0.537 3	0.402 8	−0.092 5	−0.025 8	0.734 8	2.50	50.02	50.02
2018	主成分 2	0.590 2	0.266 5	−0.021 0	0.513 9	−0.562 3	1.65	33.02	83.05
	主成分 3	−0.102 5	0.560 0	0.749 1	−0.304 4	−0.148 4	0.81	16.12	99.17
	主成分 1	0.498 8	−0.216 4	0.457 4	0.406 5	−0.574 4	3.13	62.56	62.56
2020	主成分 2	0.554 0	−0.116 6	0.165 3	0.183 4	0.786 4	1.03	20.67	83.23
	主成分 3	−0.276 0	0.505 3	0.799 8	−0.112 3	0.127 4	0.78	15.54	98.77

8.3.4 主成分得分及排名

根据各主成分得分及其贡献率求各处理的最大主成分分量 d^+ 和最小主成分分量 d^-,并以不同处理下主成分向量与最大主成分向量的接近程度作为温室番茄灌溉施氮模式的度量 (Q),2018 年和 2020 年主成分分析法确定的不同处理下番茄综合效益及排名如表 8-10 所示。

表 8-10 2018 和 2020 年主成分分析法确定的不同处理下番茄综合效益及排名

年份	处理	主成分 1	主成分 2	主成分 3	d^+	d^-	Q	排名
	N1I1	−0.500 5	−0.525 1	1.447 3	2.067 4	2.520 9	0.549 4	8
	N1I2	0.436 9	−1.147 5	0.906 3	1.830 6	2.906 2	0.613 5	5
	N1I3	1.296 6	−2.364 0	−0.466 9	2.337 4	3.313 5	0.586 4	6
	N2I1	−1.009 4	1.385 2	0.978 4	2.120 1	2.861 0	0.574 4	7
	N2I2	0.058 1	0.599 7	−0.055 7	1.552 0	2.997 8	0.658 9	3
2018	N2I3	1.255 5	0.193 3	−0.549 5	1.171 3	3.595 8	0.754 3	2
	N3I1	−3.370 7	−0.682 5	−1.185 7	4.102 6	0.966 2	0.190 6	9
	N3I2	−0.143 0	1.367 6	−0.349 9	1.663 7	3.149 9	0.654 4	4
	N3I3	1.976 5	1.173 4	−0.724 5	0.880 4	4.297 5	0.830 0	1
	贡献率	0.500 2	0.330 2	0.161 2				
	f_j^+	1.976 5	1.385 2	1.447 3				
	f_j^-	−3.370 7	−2.364 0	−1.185 7				

续表 8-10

年份	处理	主成分 1	主成分 2	主成分 3	d^+	d^-	Q	排名
2020	N1I1	-0.540 6	1.694 0	0.592 4	1.839 0	2.434 8	0.569 7	6
	N1I2	0.933 2	1.052 2	-0.509 8	0.921 9	3.434 4	0.788 4	2
	N1I3	1.778 8	0.657 3	-1.210 7	0.962 9	4.068 3	0.808 6	1
	N2I1	-2.065 8	0.486 6	0.919 4	3.090 0	1.438 8	0.317 7	8
	N2I2	0.469 4	-0.205 1	0.319 7	1.368 9	3.085 0	0.692 6	5
	N2I3	1.488 5	-0.861 7	-0.461 3	1.303 5	3.814 1	0.745 3	4
	N3I1	-3.302 7	-0.902 4	-1.280 8	4.277 8	0.271 2	0.059 6	9
	N3I2	-0.457 1	-0.662 5	0.748 1	2.068 8	2.414 3	0.538 5	7
	N3I3	1.696 3	-1.258 3	0.882 8	1.343 9	4.044 9	0.750 6	3
	贡献率	0.625 6	0.206 7	0.155 4				
	f_j^+	1.778 8	1.694 0	0.919 4				
	f_j^-	-3.302 7	-1.258 3	-1.280 8				

由表 8-10 可知,2018 年 N3I3 处理的 Q 值最大(0.830 0),N2I3 处理的次之(0.754 3),N3I1 处理的最小(0.190 6);2020 年 N1I3 处理的 Q 值最大(0.808 6),N1I2 处理的次之(0.788 4),N3I1 处理的最小(0.059 6);两年试验评价结果的平均值以 N3I3 处理的 Q 值最大(0.790 3),N2I3 处理的次之(0.749 8),N1I2 处理的第 3(0.701 0),N3I1 处理的最小(0.125 1)。2018 年温室番茄灌溉施氮模式的排名顺序由高到低为 N3I3>N2I3>N2I2>N3I2>N1I2>N1I3>N2I1>N1I1>N3I1;2020 年温室番茄灌溉施氮模式的排名顺序由高到低为 N1I3>N1I2>N3I3>N2I3>N2I2>N1I1>N3I2>N2I1>N3I1;两年试验综合评价结果平均值的排名顺序由高到低为 N3I3>N2I3>N1I2>N1I3>N2I2>N3I2>N1I1>N2I1>N3I1。与两年评价结果的平均值排名第 1 的 N3I3 处理比较,排名第 3 的 N1I2 处理的度量值仅下降了 11.30%,但可减少 33.33% 的施氮量,并可大幅度提高水氮利用效率,因此可将 N1I2 处理作为较优的处理;两年试验结果均表明 N3I1 处理的综合效益最差。

8.4　温室番茄控水提质水肥一体化技术模式

8.4.1　番茄农艺栽培技术

8.4.1.1　品种选择

应选用优质、丰产、抗性强、商品性好的番茄品种。播种前精选种子,剔除霉籽、瘪籽、虫籽等,种子质量应符合《瓜菜作物种子　第 3 部分:茄果类》(GB 16715.3—2010)的要求。

8.4.1.2　育苗

1.浸种催芽

先将种子用 30 ℃左右的温水浸泡三四个小时,等种子吸水膨胀后,捞出,放到白纱布中,去掉上面漂起来的瘪种子。用白纱布裹好之后,放到 25~28 ℃ 的环境下进行催芽,一般 48 h 之后就能露白,等到 70% 左右的种子出芽之后就可以进行播种。

2.播种与育苗

采用穴盘育苗,将湿度适中、无病菌的田园土过筛装入穴盘中,耙平,轻踩一遍,浇透水。水渗后将种子均匀撒播,覆 1~1.5 cm 的湿细土,覆盖地膜,加盖拱棚。出苗前,白天温度保持 25~30 ℃,夜间 15 ℃ 以上,晴天中午,温度过高时要遮荫。出苗后及时去掉地膜,白天 20~25 ℃,夜间 13~15 ℃,经常保持光照,适度控水,根据天气、秧苗生长情况适当喷施叶面肥。加强病虫害防治,以防为主。幼苗期应特别注意防雨、防晒、防徒长。4~5 片真叶时分苗,分苗前 5 天,白天温度控制在 20~25 ℃,夜间 10 ℃ 左右,进行低温炼苗,分苗前先给播种床浇水,待水下渗、土壤不发黏时,用铁锨或铁铲起苗,起苗尽量少伤根,根际要带土。

8.4.1.3 整地施肥

定植前清除前作秸秆,将总肥量的 40% 作为底肥撒在土壤表面,深翻 30~40 cm,使土肥掺匀,耙细耙平。

8.4.1.4 定植

春季大棚栽培一般于 3 月中上旬定植,采用宽窄行种植方式(畦长 8 m,畦宽 1.1 m),宽行 65 cm,窄行 45 cm,株距 30 cm,每行植株铺设一条滴灌管,滴头间距与株距相同。为确保幼苗的成活率,定植后均进行一次灌水,灌水定额为 20 mm。

8.4.1.5 田间管理

1.温湿度管理

(1)定植后至第 1 穗花开花。定植后 1~5 d 的管理重点是防寒、保温、加速幼苗缓苗,棚内不进行通风,尽量升温,加快缓苗,白天温度为 25~28 ℃,夜间温度为 18 ℃ 左右。定植后第 5 天至第 1 穗花开花坐果:白天温度 20~28 ℃ 较为适宜,26 ℃ 以上开始放风,20 ℃ 以下关闭风口,夜间温度 13~15 ℃ 较为适宜。

(2)开花结果期。为使开花整齐,不落花,确保前期的产量,要控制植株的营养生长,调节好秧与果之间的关系。一方面要降低棚温,白天棚温保持在 24~26 ℃,夜间 12~17 ℃,26 ℃ 以上开始放风,20 ℃ 以下关闭风口。此时空气相对湿度控制在 45%~55%,地温保持在 15 ℃。通风时间由短渐长;另外要控制营养生长,防止茎叶徒长,进行蹲苗控制水分。切忌正开花时浇大水,避免细胞压突然改变而造成落花。

(3)开花期大棚内要防高温。番茄在开花期时要防止 30 ℃ 以上的高温,因为番茄花粉发芽的适宜温度为 20~30 ℃,即使棚室温度达到 35 ℃ 的短期高温也会造成开花和结果不良。

(4)果实膨大期。在果实膨大期温度要求白天 25~30 ℃,夜间 15~18 ℃,保持昼夜温差在 15~17 ℃ 利于果实膨大。

(5)盛果期。盛果期大棚内空气湿度保持在 45%~55% 最适宜,棚内湿度过大,易发生各种病害,尤其在每次浇水后或阴雨天,必须加大通风量,以降低棚内湿度。当夜间温度不低于 15 ℃ 时,可昼夜通风,棚温过高还会使番茄红素氧化分解,影响果实着色。

2.光照管理

采用透光性好、抗老化的长寿无滴膜。保持膜面清洁,按时揭放覆盖物,保证光照,特别是在花芽分化时,若光照不足的话就会影响花芽分化,不能进行有效的授粉;结果时期需要充足的光照,以便能更多地增加产量,但也不能光照太强,以免灼伤果实。

3.及时搭架、整枝打叉

当第 1 花序坐果后(株高约 30 cm)及时搭架,使各株生长点基本保持相同高度。搭架可采用竹子、架网、绳子等各种材料。用竹子搭架时,不能采用常规的 4 根一扎的模式,竹子只绑至棚顶,最好采用尼龙绳吊蔓,可减少遮光,不论用哪种搭架方式,应每 2 行逆向搭架,这样可改善通风透气,有利于作物生长,促进果实发育。番茄整枝采用单杆整枝法,随时整枝打叉,留 5 穗花后进行摘心打顶,并保持第 5 穗果上面留 3 片功能叶,以保证花果正常生长发育的养分供应,每穗留 3~4 个果,其余疏去。

4.病虫害防治

采用土壤消毒、种子处理、提前预防等农业综合治理技术防治番茄的灰霉病、早疫病、叶霉病、青枯病、病毒病、炭疽病、根结线虫病等毁灭性病害,虫害主要有蚜虫、烟粉虱、潜叶蝇等,及时杀灭蚜虫、白粉虱等虫害。应以预防为主、综合防治,优先采用农业防治、物理防治、生物防治措施,科学合理应用化学防治措施,禁止使用高毒、高残留农药,保证番茄产品安全优质、无公害。确保在不伤害植株和果实正常生长条件下,根据病虫害的种类及受害程度适时适量对症下药。农药施用严格执行 GB/T 8321 和《农药安全使用规范总则》(NY/T 1276—2007)或《绿色食品农药使用准则》(NY/T 393—2020)的规定。

8.4.2　番茄水肥管理

8.4.2.1　灌溉制度

根据番茄需水规律、土壤墒情、土壤性状、设施条件和技术措施,制定合理的灌溉制度,内容包括作物全生育期的灌水次数、灌溉时间和灌水定额等,采用累积水面蒸发量法制定灌溉制度。根据冠层上方的 20 cm 标准水面蒸发皿的累积水面蒸发量制定灌溉制度,当相邻两次灌水间隔的累积水面蒸发量达到(20±2) mm 时灌溉,根据不同作物的需水特性,确定蒸发皿系数及灌水定额。番茄蒸发皿系数为 0.7,灌水定额为 10 m³/667 m²。

8.4.2.2　肥料选择

应选用全水溶性肥料,包括大量元素水溶肥、有机液肥等。根据试验需求和作物生育期选择不同配方的水溶性肥料。采用尿素、硝酸钾等非标肥料时,其不溶于水的物质含量应低于 5%。不同肥料混合使用时,不应发生沉淀等反应。肥料质量应符合《含腐植酸水溶肥料》(NY 1106—2010)、《大量元素水溶肥料》(NY/T 1107—2020)、《微量元素水溶肥料》(NY 1428—2010)、《含氨基酸水溶肥料》(NY 1429—2010)、《中量元素水溶肥料》(NY 2266—2012)的要求。

8.4.2.3　追肥方法

番茄移栽前将 40% 的氮肥和钾肥撒在土壤表面作为底肥,剩下 60% 的氮肥和钾肥平分为 n 份(n 为果实穗层数),分别在每穗果实开始膨大时通过滴灌系统随水追肥。追肥时将肥料溶于水配制成一定浓度的肥料母液,浓度应低于其饱和浓度,防止重结晶。追肥时先用清水滴灌 10~20 min,然后打开肥料母液贮存罐的控制开关,使肥料进入灌溉系统,通过调节施肥装置的水肥混合比例或肥料母液流量的阀门开关,将肥料母液以一定比例与灌溉水混合后施入田间,宜在 1 m³ 中加入 1~2 kg 肥料。施肥结束后用清水继续滴灌 10~20 min 以上冲洗管道,以防管道中剩余的肥料沉淀堵塞滴头。

8.4.2.4 追肥时间

应根据土壤肥力、植株长势及天气情况进行追肥。

(1)苗期。定植时采用膜下滴灌,667 m² 地灌水 13.3 m³,定植成活至开花初期,膜下滴灌 2 次,灌水定额为 9.3 m³/667 m²。

(2)开花坐果期。在第 1 穗开花至第 1 穗果实成熟期,5~10 d 灌溉 1 次,在第 1 穗果实果茎长至 2~3 cm 时进行第一次追肥,追施可溶性氮、钾肥各 3.5 kg/667 m²,灌两次水施一次肥。

(3)成熟采摘期。第 1 穗果实开始采收时进入成熟采摘期,进入成熟采摘期后每 5~8 d 灌溉 1 次,在各穗层果实果茎长至 2~3 cm 时进行追肥,追施可溶性氮、钾肥各 3.5 kg/667 m²,拉秧前两周停止施肥。

8.4.3 水肥一体化系统运行及维护

8.4.3.1 首部检查

水泵使用前后注意电源连接,保证运行中不会产生漏电、漏气等,经常监测水泵的运行情况;过滤器宜选用带有反冲洗装置的叠片式过滤器,否则应定期拆下过滤器的滤盘进行清洗,以保持水流畅通,一般过滤器前后压力差超过 0.02 MPa 时,表明过滤器已被堵塞,要尽快清洗过滤器;压差式施肥罐底部的残渣应经常清理。

8.4.3.2 管网堵漏检查

定期检查管网运行过程中输水管网系统,检查输水管网系统是否有漏水、断管、裂管等现象,防止系统滴漏。每次施肥前先滴清水 10~20 min,待压力稳定后再施肥;施肥完成后再滴清水 10~20 min,清洗管道,防止肥液结晶堵塞滴灌孔。发现滴灌孔堵塞时可打开滴灌带末端的封口,用水流冲去滴灌带内杂物,使滴灌孔畅通。每 3 次滴灌施肥后,将每条毛管末端打开进行冲洗。

8.4.3.3 灌水器

如果灌溉水的碳酸盐含量较高,每一个生长季后,用 30%的稀盐酸溶液(40~50 L)注入滴灌管(带),停留 20 min,然后用清水冲洗。

8.4.3.4 其他

田间滴灌管(带)应拉直,确保灌溉水流畅通;滴灌管(带)回收后不应扭曲放置。

8.5 小 结

(1)采用近似理想解(TOPSIS)法对不同水氮处理下番茄灌溉施氮模式进行综合评价,两年试验评价结果的相关系数高达 0.966 7(p=0.000 0),非常接近。两年试验评价结果平均值的排名顺序由高到低为:N1I2>N1I3>N1I1>N2I3>N2I2>N2I1>N3I3>N3I2>N3I1,

N1I2 处理得分最高,为 0.82,而 N3I1 处理得分最低,为 0.31。

（2）基于灰色关联分析（GRA）法对不同水氮处理下温室番茄灌溉施氮模式进行综合评价,两年试验评价结果较接近,相关系数高达 0.800 0(p = 0.009 6)。两年试验评价结果平均值的排名顺序由高到低为:N1I2>N1I1>N1I3>N3I3>N2I1>N3I2>N2I3>N2I2>N3I1,N1I2 处理的关联度最大,为 0.80,N3I1 处理的关联度最小,为 0.64。

（3）利用主成分分析（PCA）法对不同水氮处理下温室番茄灌溉施氮模式进行综合评价,两年试验评价结果存在一定差异,相关系数仅为 0.50,且没达到显著水平（ p = 0.170 5）。

（4）基于 TOPSIS 法和 GRA 法综合评价得出的最优和最差灌溉施氮模式结果一致,且两年试验评价结果和排名顺序高度一致,均达到显著水平,故均可较好地适用于本试验区温室番茄最优灌溉施氮模式的确定。运用 PCA 法综合评价得出的结果在两年间存在较大的差异,结合水氮供应对土壤环境因素的影响可知,施氮水平为 N1 时土壤微生物多样性和土壤酶活性均较高,而 PCA 法得出的是 N3I3 处理最优,显然与试验实际情况不符,因此不建议将 PCA 法用于本试验区温室番茄最优灌溉施氮模式的决策。

参考文献

鲍士旦，1999. 土壤农化分析[M]. 北京：中国农业出版社.

陈新平，邹春琴，刘亚萍，等，2000. 菠菜不同品种累积硝酸盐能力的差异及其原因[J]. 植物营养与肥料学报，6(1)：30-34.

曹慧，孙辉，杨浩，等，2003. 土壤酶活性及其对土壤质量的指示研究进展[J]. 应用与环境生物学报，(1)：105-109.

陈心想，耿增超，王森，等，2014. 施用生物炭后塿土土壤微生物及酶活性变化特征土壤酶活性及其对土壤质量的指示研究进展[J]. 农业环境科学学报，33(4)：751-758.

陈修斌，尹鑫，刘珍伶，等，2019. 水氮合理配合对旱区温室番茄土壤酶活性与水氮利用效率的影响[J]. 西北农业学报，28(6)：972-980.

曹兵，黄志浩，吴广利，等，2021. 控释掺混肥一次性减量施用对夏玉米产量、氮肥利用和叶片氮代谢酶活性的影响[J]. 中国土壤与肥料，293(3)：1-11.

邓聚龙，1990. 灰色系统理论教程[M]. 武汉：华中理工大学出版社.

党廷辉，郭胜利，郝明德，2003. 黄土旱塬长期施肥下硝态氮深层累积的定量研究[J]. 水土保持研究，10(1)：58-75.

杜太生，康绍忠，2011. 基于水分-品质响应关系的特色经济作物节水调质高效灌溉[J]. 水利学报，42(2)：245-252.

杜玮超，2012. 松嫩草地植物群落土壤细菌遗传多样性研究[D]. 长春：吉林农业大学.

冯在麒，2017. 不同灌水量对温室越冬茬番茄生长及土壤环境影响的研究[D]. 杨凌：西北农林科技大学.

郭全忠，2013. 不同灌水量对设施番茄土壤养分和水分在土壤剖面中迁移的影响[J]. 西北农业学报，22(4)：153-158.

龚雪文，刘浩，孙景生，等，2016. 调亏灌溉对温室番茄生长发育及其产量和品质的影响[J]. 节水灌溉，(9)：52-56.

黄娇，2017. 青藏高原土壤和印度洋深海沉积物可培养放线菌的分离培养与多样性[D]. 北京：中国科学院大学.

贾伟，周怀平，解文艳，等，2008. 长期有机无机肥配施对褐土微生物生物量碳、氮及酶活性的影响[J]. 植物营养与肥料学报，14(4)：700-705.

姜慧敏，2012. 氮肥管理模式对设施菜地氮素残留与利用的影响[D]. 北京：中国农业科学院.

康绍忠，杜太生，孙景生，等，2007. 基于生命需水信息的作物高效节水调控理论与技术[J]. 水利学报，38(6)：661-667.

李世清，王瑞军，李紫燕，等，2004. 半干旱半湿润农田生态系统不可忽视的土壤氮库-土壤剖面中累积的硝态氮[J]. 干旱地区农业研究，22(4)：1-13.

吕卫光，黄启为，沈其荣，等，2005. 不同来源有机肥及有机肥与无机肥混施对西瓜生长期土壤酶活性的影响[J]. 南京农业大学学报，28(4)：68-71.

刘玉梅，于贤昌，姜建辉，2006. 不同施氮水平对嫁接和自根黄瓜品质的影响[J]. 植物营养与肥料学报，12(5)：706-710.

李文祥,2007. 长期不同施肥对埭土肥力及作物产量的影响[J]. 中国土壤与肥料,(2):23-25.

卢兴孟,2011. 番茄生长发育与环境关系的动态模拟[D]. 杨凌:西北农林科技大学.

刘吉利,赵长星,吴娜,等,2011. 苗期干旱及复水对花生光合特性及水分利用效率的影响[J]. 中国农业科学,44(3):469-476.

李琰琰,刘国顺,冯小虎,等,2012. 氮营养水平对烤烟根际土壤酶活性及烟叶内在品质的影响[J]. 土壤通报,43(5):1177-1182.

李建明,潘铜华,王玲慧,等,2014. 水肥耦合对番茄光合、产量及水分利用效率的影响[J]. 农业工程学报,30(10):82-90.

罗慧,刘水,李伏生,2014. 不同灌水施肥策略对土壤微生物量碳氮和酶活性的影响[J]. 生态学报,34(18):5266-5274.

刘兴,王世杰,刘秀明,等,2015. 贵州喀斯特地区土壤细菌群落结构特征及变化[J]. 地球与环境,43(5):490-497.

李红峥,曹红霞,郭莉杰,等,2016. 沟灌方式和灌水量对温室番茄综合品质与产量的影响[J]. 中国农业科学,49(21):4179-4191.

刘钊,2017. 黄土区典型林分土壤微生物,土壤酶和养分特征的相互关系[D]. 北京:北京林业大学.

李一凡,2019. 缙云山典型林分土壤环境与土壤呼吸对酸雨的响应[D]. 北京:北京林业大学.

李欢欢,刘浩,庞婕,等,2019. 水氮互作对盆栽番茄生长发育和养分累积的影响[J]. 农业机械学报,50(9):272-279.

李岚涛,盛开,尹焕丽,等,2020. 考虑植株氮垂直分布的夏玉米营养诊断敏感位点筛选[J]. 农业工程学报,36(6):56-65.

闵炬,施卫明,2009. 不同施氮量对太湖地区大棚蔬菜产量、氮肥利用率及品质的影响[J]. 植物营养与肥料学报,15(1):151-157.

彭少兵,Christian Witt,黄见良,等,2002. 提高中国稻田氮肥利用率的研究策略[J]. 中国农业科学,35(9):1095-1103.

潘瑞炽,王小菁,李娘辉,2012. 植物生理学[M]. 北京:高等教育出版社.

任华中,2003. 水氮供应对日光温室番茄生育、品质及土壤环境的影响[D]. 北京:中国农业大学.

孙世卫,高雪艳,芦站根,2011. 不同施氮量对番茄品质的影响[J]. 北方园艺,(11):36-37.

申建波,白洋,韦中,等,2021. 根际生命共同体:协调资源、环境和粮食安全的学术思路与交叉创新[J]. 土壤学报,58(4):805-813.

吴光林,1992. 果树生态学[M]. 北京:农业出版社.

王龙昌,玉井理,永田雅辉,等,1998. 水分和盐分对土壤微生物活性的影响[J]. 垦殖与稻作,(3):40-42.

王志明,朱培立,黄东迈,等,2003. 秸秆碳的田间原位分解和微生物量碳的周转特征[J]. 土壤学报,40(3):446-453.

王杰,李刚,修伟明,等,2014. 氮素和水分对贝加尔针茅草原土壤酶活性和微生物量碳氮的影响[M]. 农业资源与环境学报,31(3):237-245.

王激清,刘社平,2015. 施氮量对番茄生长发育和氮肥利用率的影响[J]. 河南农业科学,44(2):94-97.

吴立峰,张富仓,范军亮,等,2015. 水肥耦合对棉花产量、收益及水分利用效率的效应[J]. 农业机械学报,46(12):164-172.

王秀波,上官周平,2017. 干旱胁迫下氮素对不同基因型小麦根系活力和生长的调控[J]. 麦类作物学报,37(6):820-827.

王宁,李继光,娄翼来,等,2020.作物根系形态对施肥措施的响应[J].中国农学通报,36(03):53-58.

肖自添,蒋卫杰,余宏军,2007. 作物水肥耦合效应研究进展[J]. 作物杂志,(6):18-22.

徐国伟,王贺正,陈明灿,等,2012. 水肥耦合对小麦产量及根际土壤环境的影响[J]. 作物杂志,(1):35-38.

肖新,朱伟,肖靓,等,2013. 适宜的水氮处理提高稻基农田土壤酶活性和土壤微生物量碳氮[J]. 农业工程学报,29(21):91-98.

邢英英,2015. 温室番茄滴灌施肥水肥耦合效应研究[D]. 杨凌:西北农林科技大学.

奚雅静,汪俊玉,李银坤,等,2019. 滴灌水肥一体化配施有机肥对土壤 N_2O 排放与酶活性的影响[J]. 中国农业科学,52(20):3611-3624.

肖丽,马明胜,刘廷祥,2019. 不同施氮量对番茄产量、肥料利用率的影响[J]. 农业开发与装备,(5):143-144.

姚磊,杨阿明,1997. 不同水分胁迫对番茄生长的影响[J]. 华北农学报,12(2):102-106.

杨万勤,王开运,2002. 土壤酶研究动态与展望[J]. 应用与环境生物学报,8(5):564-570.

于占源,曾德慧,艾桂艳,等,2007.添加氮素对沙质草地土壤氮素有效性的影响[J]. 生态学杂志,26(11):1894-1897.

杨俊刚,倪小会,曹兵,等,2014. 滴灌条件下控释专用肥对设施番茄氮、钾吸收及其残留的影响[J]. 植物营养与肥料学报,20(5):1294-1302.

叶德练,齐瑞娟,张明才,等,2016. 节水灌溉对冬小麦田土壤微生物特性、土壤酶活性和养分的调控研究[J]. 华北农学报,31(1):224-231.

甄兰,2002. 氮素营养调控与蔬菜品质研究[D]. 保定:河北农业大学.

张俊丽,高明博,温晓霞,等,2012. 不同施氮措施对旱作玉米地土壤酶活性及 CO_2 排放量的影响[J]. 生态学报,32(19):6147-6154.

张艳,张洋,陈冲,等,2009. 水分胁迫条件下施氮对不同水氮效率基因型冬小麦苗期生长发育的影响[J]. 麦类作物学报,29(5):844-848.

张宇亭,2017. 长期施肥对土壤微生物多样性和抗生素抗性基因累积的影响[D]. 重庆:西南大学.

张燕,张富仓,强生才,等,2017. 水肥供应对温室滴灌施肥番茄生长及水氮利用的影响[J]. 干旱地区农业研究,35(4):103-109.

中华人民共和国水利部,2023. 中国水资源公报2022.

Ajwa H A, Dell C J, Rice C W, 1999. Changes in enzyme activities and microbial biomass of tallgrass prairie soil as related to burning and nitrogen fertilization[J]. Soil Biology and Biochemistry, 31(5): 769-777.

Allen R G, Pereira L S, Howell T A, et al., 2011. Evapotranspiration information reporting: i. factors governing measurement accuracy[J]. Agricultural Water Management, 98(6): 899-920.

Al-Amri, Salem M, 2013. Improved growth, productivity and quality of tomato (Solanum lycopersicum L.) plants through application of shikimic acid[J]. Saudi Journal of Biological Sciences, 20(4): 339-345.

Andujar C M, Ghanem M E, Alfonso A, et al., 2013. Response to nitrate/ammonium nutrition of tomato (Solarium lycopersicum L.) plants overexpressing a prokaryotic NH_4^+-dependent asparagine synthetase[J]. Journal of Plant Physiology,170(7): 676-687.

Adetunji A T, Lewu F B, Mulidzi R, et al., 2017. The biological activities of β-glucosidase, phosphatase and urease as soil quality indicators: a review[J]. Journal of Soil Science and Plant Nutrition, 17 (3): 794-807.

Benitez E, Melgar R, Sainz H, et al., 2000. Enzyme activities in the rhizosphere of pepper (capsicum annuum, l.) grown with olive cake mulches[J]. Soil Biology and Biochemistry, 32(13): 1829-1835.

Baath E, Anderso N H, 2003. Comparison of soil fungal/bacterial ratios in a pH gradient using physiological and PLFA-based techniques[J]. Soil Biology and Biochemistry, 35(7): 955-963.

Baum C, Leinweber P, Schlichting A, 2003. Effects of chemical conditions in re-wetted peats on temporal variation in microbial biomass and acid phosphatase activity within the growing season[J]. Applied Soil Ecology, 22(2): 167-174.

Benard C, Gautier H, Bourgaud F, et al., 2009. Effects of low nitrogen supply on tomato (solanum lycopersicum) fruit yield and quality with special emphasis on sugars, acids, ascorbate, carotenoids, and phenolic compounds[J]. Journal of Agricultural and Food Chemistry, 57(10): 4112-4123.

Bondor C I, Muresan A, 2012. Correlated criteria in decision models: recurrent application of topsis method[J]. Applied Medical Informatics, 30(1): 55-63.

Borjesson G, Menichetti L, Kirchmann H, et al., 2012. Soil microbial community structure affected by 53 years of nitrogen fertilisation and different organic amendments[J]. Biology and Fertility of Soils, 48(3): 245-257.

Bogale A, Nagle M, Latif S, et al., 2016. Regulated deficit irrigation and partial root-zone drying irrigation impact bioactive compounds and antioxidant activity in two select tomato cultivars[J]. Scientia Horticulturae, 213: 115-124.

Badr M A, Aboun-Hussein S D, El-Tohamy W A, 2016. Tomato yield, nitrogen uptake and water use efficiency as affected by planting geometry and level of nitrogen in an arid region[J]. Agricultural Water Management, 169: 90-97.

Curtin D, Campbell C A, Jalil A, 1998. Effects of acidity on mineralization: pH-dependence of organic matter mineralization in weakly acidic soils[J]. Soil Biology and Biochemistry, 30(1): 57-64.

Chittaranjan K, 2007. Genome mapping and molecular breeding in plants[M]. Cereals and Millets.

Cabello M J, Castellanos M T, Romojaro F, et al., 2009. Yield and quality of melon grown under different irrigation and nitrogen rates[J]. Agricultural Water Management, 96(5): 866-874.

Campos H, Trejo C, Pena-Valdivia C B, et al., 2009. Effect of partial rootzone drying on growth, gas exchange, and yield of tomato (Solanum lycopersicum L.)[J]. Scientia Horticulturae, 120(4): 493-499.

Chen J L, Kang S Z, Du T S, et al., 2013. Quantitative response of greenhouse tomato yield and quality to water deficit at different growth stages[J]. Agricultural Water Management, 129: 152-162.

Chen J L, Kang S Z, Du T S, et al., 2014. Modeling relations of tomato yield and fruit quality with water deficit at different growth stages under greenhouse condition[J]. Agricultural Water Management, 146: 131-148.

Cantore V, Lechkar O, Karabulut E, et al., 2016. Combined effect of deficit irrigation and strobilurin application on yield, fruit quality and water use efficiency of "cherry" tomato (Solanum lycopersicum L.)[J]. Agricultural Water Management, 167: 53-61.

Davies J N, Hobson G E, Mcglasson W B, 1981. The constituents of tomato fruit-the influence of environment, nutrition, and genotype[J]. Critical Reviews in Food Science and Nutrition, 15(3): 205-280.

Dumas Y, Dadomo M, Lucca G D, et al., 2003. Effects of environmental factors and agricultural techniques on antioxidant content of tomatoes[J]. Journal of the Science of Food and Agriculture, 83(5): 369-382.

Drenovsky R E, Khasanova A, James J J, 2012. Trait convergence and plasticity among native and invasive species in resource-poor environments[J]. American Journal of Botany, 99(4): 629-639.

Du Y D, Cao H X, Liu S Q, et al., 2017. Response of yield, quality, water and nitrogen use efficiency of tomato to different levels of water and nitrogen under drip irrigation in Northwestern China[J]. Journal of Integrative Agriculture, 16(5):1153-1161.

Delang, Claudio O, 2017. Causes and distribution of soil pollution in china[J]. Environmental and Socio-economic Studies, 5(4): 1-17.

Erdal I, Ertek A, Senyigit U, et al., 2006. Effects of different irrigation programs and nitrogen levels on nitrogen concentration, uptake and utilisation in processing tomatoes (Lycopersicum esculentum)[J]. Animal Production Science, 46(12): 1653-1660.

Ertek A, Sensoy S, Kucukyumuk C, et al., 2006. Determination of plant-pan coefficients for field-grown eggplant (*Solanum melongena* L.) using class a pan evaporation values[J]. Agricultural Water Management, 85(1): 58-66.

Erba D, Casiraghi M C, Ribas-Agusti A, et al., 2013. Nutritional value of tomatoes (*Solanum lycopersicum* L.) grown in greenhouse by different agronomic techniques[J]. Journal of Food Composition & Analysis, 31(2): 245-251.

El-Bendary N, Hariri E E, Hassanien A E, et al., 2015. Using machine learning techniques for evaluating tomato ripeness[J]. Expert Systems with Applications, 42(4): 1892-1905.

Favati F, Lovelli S, Galgano F, et al., 2009. Processing tomato quality as affected by irrigation scheduling [J]. Scientia Horticulturae, 122(4): 562-571.

Fierer N, Lauber C L, Ramirez K S, et al., 2012. Comparative metagenomic, phylogenetic and physiological analyses of soil microbial communities across nitrogen gradients[J]. The ISME Journal, 6(5): 1007-1017.

FAO, 2019. http://www.fao.org/faostat/zh/#data/QC.

Gans J, Wolinsky M, Dunbar J, 2005. Computational improvements reveal great bacterial diversity and high metal toxicity in soil[J]. Science, 309(5739): 1387-1390.

Gautier H, Diakou V V, Benrad C, et al., 2008. How does tomato quality (sugar, acid, and nutritional quality) vary with ripening stage, temperature, and irradiance? [J] Journal of Agricultural and Food Chemistry, 56(4): 1241-1250.

Gonzalez-Dugo V, Durand J L, Gastal F, 2010. Water deficit and nitrogen nutrition of crops: A review [J]. Agronomy for Sustainable Development, 30(3): 529-544.

Geisseler D, Lazicki P A, Scow K M, 2016. Mineral nitrogen input decreases microbial biomass in soils under grasslands but not annual crops[J]. Applied Soil Ecology 106: 1-10.

Gong X W, Qiu R J, Sun J S, et al., 2020. Evapotranspiration and crop coefficient of tomato grown in a solar greenhouse under full and deficit irrigation[J]. Agricultural Water Management, 235.

Hoffmann C M, 2005. Changes in N composition of sugar beet varieties in response to increasing N supply [J]. Journal of Agronomy and Crop Science, 191(2): 138-145.

Hartz T K, Bottoms T G, 2009. Nitrogen requirements of drip-irrigated processing tomatoes[J]. Hortscience A Publication of the American Society for Horticultural Science, 44(7), 1988-1993.

Han P, Lavoir A V, Le J B, et al., 2014. Nitrogen and water availability to tomato plants triggers bottom-up effects on the leafminertutaabsoluta[J]. Scientific Reports, 4:1-8.

Hang T, Lu N, Takagaki M, et al., 2019. Leaf area model based on thermal effectiveness and photosynthetically active radiation in lettuce grown in mini-plant factories under different light cycles[J]. Scientia Horticulturae, 252: 113-120.

Hu J, Gettel G, Fan Z B, et al., 2021. Drip fertigation promotes water and nitrogen use efficiency and yield stability through improved root growth for tomatoes in plastic greenhouse production. Agriculture[J].Ecosystems and Environment, 313: 107379.

Ismail S M, Ozawa K, Khondaker N A, 2008. Influence of single and multiple water application timings on yield and water use efficiency in tomato (var. first power) [J]. Agricultural Water Management, 95(2): 116-122.

Johannes S, Mcneal B L, Boote K J, et al., 2000. Nitrogen stress effects on growth and nitrogen accumulation by field-grown tomato [J]. Agronomy Journal, 92(1): 159-167.

Jimenez M, Horra A, Pruzzo L, et al., 2002. Soil quality: a new index based on microbiological and biochemical parameters [J]. Biology and Fertility of Soils, 35(4): 302-306.

Jagadamma S, Lal R, Robert G, et al., 2007. Nitrogen fertilization and cropping systems effects on soil organic carbon and total nitrogen pools under chisel-plow tillage in illinois [J]. Soil and Tillage Research, 95 (1): 348-356.

Ju X T, Xing G X, Chen X P, et al., 2009. Reducing environmental risk by improving N management in intensive Chinese Agricultural Systems [J]. Proceedings of the National Academy of Sciences of the United States of America, 106(9): 3041-3046.

Kang Y, Wang F X, Liu H J, et al., 2004. Potato evapotranspiration and yield under different drip irrigation regimes [J]. Irrigation Science, 23(3): 133-143.

Khalil M I, Rahman M S, Schmidhalter U, et al., 2007. Nitrogen fertilizer ‐ induced mineralization of soil organic C and N in six contrasting soils of Bangladesh [J]. Journal of Plant Nutrition and Soil Science, 170 (2): 210-218.

Kuscu H, Turhan A, Ozmen N, et al., 2014. Optimizing levels of water and nitrogen applied through drip irrigation for yield, quality, and water productivity of processing tomato (Lycopersiconesculentum Mill.) [J]. Horticulture Environment and Biotechnology, 55(2): 103-114.

Kiymaz S, Ertek A, 2015. Yield and quality of sugar beet (*Beta vulgaris* L.) at different water and nitrogen levels under the climatic conditions of Kırşehir, Turkey [J]. Agricultural Water Management, 158: 156-165.

Lambers H, Stuart Chapin F, Thijs P, 2008. Plant Physiological Ecology || Life Cycles: Environmental Influences and Adaptations. Chapter 11: 375-402.

Lauber C L, Hamady M, Knight R, et al., 2009. Pyrosequencing-based assessment of soil pH as a predictor of soil bacterial community structure at the continental scale [J]. Applied and Environmental Microbiology, 75(15): 5111-5120.

Liu H, Duan A W, Li F S, et al., 2013. Drip irrigation scheduling for tomato grown in solar greenhouse based on pan evaporation in north China plain [J]. Journal of Integrative Agriculture, 12(3): 520-531.

Lahoz I, Perez-De-Castro A, Valcarcel M, et al., 2016. Effect of water deficit on the agronomical performance and quality of processing tomato [J]. Scientia Horticulturae, 200: 55-65.

Li Y M, Sun Y X, Liao S Q, et al., 2017. Effects of two slow-release nitrogen fertilizers and irrigation on yield, quality, and water-fertilizer productivity of greenhouse tomato [J]. Agricultural Water Management, 186: 139-146.

Luo H, Li F S, 2018. Tomato yield, quality and water use efficiency under different drip fertigation strategies [J]. Scientia Horticulturae, 235: 181-188.

Liu H, Li H, Ning H F, et al., 2019. Optimizing irrigation frequency and amount to balance yield, fruit quality and water use efficiency of greenhouse tomato [J]. Agricultural Water Management, 226: 1-11.

Lu J, Shao G, Cui J, et al., 2019. Yield, fruit quality and water use efficiency of tomato for processing under regulated deficit irrigation: A meta-analysis [J]. Agricultural Water Management, 222: 301-312.

Lv H F, Lin S, Wang Y F, et al., 2019. Drip fertigation significantly reduces nitrogen leaching in solar greenhouse vegetable production system[J]. Environmental pollution, 245:694-701.

Li H H, Liu H, Gong X W, et al., 2021. Optimizing irrigation and nitrogen management strategy to trade off yield, crop water productivity, nitrogen use efficiency and fruit quality of greenhouse grown tomato[J]. Agricultural Water Management, 245: 106570.

Mitchell J P, Shennan C, Grattan S R, et al., 1991.Tomato fruit yields and quality under water deficit and salinity[J]. American Society for Horticultural Science, 116(2):215-221.

Marouelli W A, Silva W, 2007. Water tension thresholds for processing tomatoes under drip irrigation in Central Brazil[J]. Irrigation Science, 25(4): 411-418.

Massot C, Genard M, Stevents R, et al., 2010. Fluctuations in sugar content are not determinant in explaining variations in vitamin C in tomato fruit[J]. Plant Physiology and Biochemistry, 48(9): 751-757.

Napolitano A, Akay S, Mari A, et al., 2013. An analytical approach based on ESI-MS, LC-MS and PCA for the quali-quantitative analysis of cycloartane derivatives in Astragalus spp[J]. Journal of Pharmaceutical and Biomedical Analysis, 85: 46-54.

Nafi E, Webber H, Danso I, et al., 2019. Soil tillage, residue management and site interactions affecting nitrogen use efficiency in maize and cotton in the Sudan Savanna of Africa [J]. Field Crops Research, 244: 107629.

Ogilvie L A, Hirsch P R, Johnston A, 2008. Bacterial Diversity of the Broadbalk 'Classical' Winter Wheat Experiment in Relation to Long-Term Fertilizer Inputs[J]. Microbial Ecology, 56(3): 525-537.

Puiupol L U, Behboudian M H, Fisher K J, 1996. Growth, yield, and postharvest attributes of glasshouse tomatoes produced under deficit irrigation[J]. HortScience, 31(6): 926-929.

Patane C, Tringali S, Sortino O, 2011a. Effects of deficit irrigation on biomass, yield, water productivity and fruit quality of processing tomato under semi-arid mediterranean climate conditions[J]. Scientia Horticulturae, 129(4): 590-596.

Patane C, 2011b. Leaf area index, leaf transpiration and stomatal conductance as affected by soil water deficit and VPD in processing tomato in semi arid Mediterranean climate[J]. Journal of Agronomy and Crop Science, 197(3): 165-176.

Rybak M R, 2009. Improving a tomato growth model to predict fresh weight and size of individual fruits [M]. Doctoral dissertation: University of Florida: 136-149.

Rostamza M, Chaichi M R, Jahansouz M R, et al., 2011. Forage quality, water use and nitrogen utilization efficiencies of pearl millet (Pennisetum americanum L.) grown under different soil moisture and nitrogen levels[J]. Agricultural Water Management, 98(10): 1607-1614.

Scholberg J, Mcneal B L, Jones J W, et al., 2000. Growth and canopy characteristics of field-grown tomato[J]. Semigroup Forum, 92(1): 152-159.

Song X Z, Zhao C X, Wang X L, et al., 2009. Study of nitrate leaching and nitrogen fate under intensive vegetable production pattern in northern china[J]. ComptesRendusBiologies, 332(4): 385-392.

Sun Y, Hu K, Fan Z, et al., 2013. Simulating the fate of nitrogen and optimizing water and nitrogen management of greenhouse tomato in north china using the EU-rotate_N model[J]. Agricultural Water Management, 128: 72-84.

Sheshbahreh M.J, Dehnavi M M, Salehi A, et al., 2019. Effect of irrigation regimes and nitrogen sources on biomass production, water and nitrogen use efficiency and nutrients uptake in coneflower (Echinacea purpurea E.)[J]. Agricultural Water Management, 213: 358-367.

Toor R K, Savage G P, Heeb A, 2006. Influence of different types of fertilisers on the major antioxidant components of tomatoes[J]. Journal of Food Composition and Analysis, 19(1):20-27.

Tamrin K F, Nukrnan Y, Sheikh N A, et al., 2014. Determination of optimum parameters using grey relational analysis for multi-performance characteristics in CO_2 laser joining of dissimilar materials[J]. Optics and Lasers in Engineering, 57: 40-47.

Talbi S, ROMero-Puertas M C, Hernandez A, et al., 2014. Drought tolerance in a Saharian plant Oudneyaafricana: Role of antioxidant defences[J]. Environmental and Experimental Botany, 111: 114-126.

Veit-Kohler U, Krumbein A, Kosegarten H, 1999. Effect of different water supply on plant growth and fruit quality of lycopersiconesculentum[J]. Journal of Plant Nutrition and Soil Science, 162(6): 583-588.

Viskelis P, Jankauskiene J, Bobinaite R, 2008. Content of carotenoids and physical properties of tomatoes harvested at different ripening stages[J]. Food Balt,166-170.

Wang X L, Jia Y, Li X G, et al., 2009. Effects of land use on soil total and light fraction organic, and microbial biomass C and N in a semi-arid ecosystem of Northwest China[J]. Geoderma, 153(1): 285-290.

Wang Y S, Liu F, Neergaard A, et al., 2010. Alternate partial root-zone irrigation induced dry/wet cycles of soils stimulate N mineralization and improve N nutrition in tomatoes [J]. Plant and Soil, 337(1-2): 167-177.

Waraich E A, Ahmad R, Saifullah, et al., 2011. Role of mineral nutrition in alleviation of drought stress in plants[J]. Australian Journal of Crop Science, 5(6): 764-777.

Wang F, Kang S Z, Du T S, et al., 2011. Determination of comprehensive quality index for tomato and its response to different irrigation treatments[J]. Agricultural Water Management, 98(8): 1228-1238.

Wang Z C, Liu F, Kang S Z, et al., 2012a. Alternate partial root-zone drying irrigation improves nitrogen nutrition in maize (Zea mays L.) leaves[J]. Environmental and Experimental Botany, 75: 36-40.

Wang Q, Li F, Zhang E, et al., 2012b. The effects of irrigation and nitrogen application rates on yield of spring wheat (longfu-920), and water use efficiency and nitrate nitrogen accumulation in soil[J]. Australian Journal of Crop Science, 6(4): 662-672.

Wang G L, Chen X P, Cui Z L, et al., 2014. Estimated reactivenitrogen losses for intensive maize production in China[J]. AgricultureEcosystems & Environment, 197: 293-300.

Wang C X, Gu F, Chen J L, et al., 2015. Assessing the response of yield and comprehensive fruit quality of tomato grown in greenhouse to deficit irrigation and nitrogen application strategies[J]. Agricultural Water Management,161: 9-19.

Wang Y S, Janz B, Engedal T, et al., 2017. Effect of irrigation regimes and nitrogen rates on water use efficiency and nitrogen uptake in maize[J]. Agricultural Water Management, 179: 271-276.

Wu Y, Yan S C, Fan J L, et al., 2021. Responses of growth, fruit yield, quality and water productivity of greenhouse tomato to deficit drip irrigation[J]. Scientia Horticulturae, 275: 109710.

Xiao X C, Wang X Q, Fu K Y, et al., 2012. Grey relational analysis on factors of the quality of web service[J]. Physics Procedia, 33: 1992-1998.

Yao X H, Min H, Lu Z H, et al., 2006. Influence of acetamiprid on soil enzymatic activities and respiration[J]. European Journal of Soil Biology, 42(2): 120-126.

Yang S M, Malhi S S, Song J R, et al., 2006. Crop yield, nitrogen uptake and nitrate-nitrogen accumulation in soil as affected by 23 annual applications of fertilizer and manure in the rainfed region of northwestern china[J]. Nutrient Cycling in Agroecosystems, 76(1): 81-94.

Yusuf A A, Abaidoo R C, Iwuafor E, et al., 2009. Rotation effects of grain legumes and fallow on maize yield, microbial biomass and chemical properties of an Alfisol in the Nigerian savanna[J]. Agriculture Ecosystems and Environment, 129(1): 325-331.

Yin G H, Gu J, Zhang F S, et al., 2014. Maize yield response towater supply and fertilizer input in a semi-arid environment of Northeast China[J]. PLoS ONE, 9(1): e86099.

Yang H, Du T S, Qiu R J, et al., 2017. Improved water use efficiency and fruit quality of greenhouse crops under regulated deficit irrigation in northwest China[J]. Agricultural Water Management, 179: 193-204.

Yao Z S, Yan G X, Wang R, et al., 2019. Drip irrigation or reduced N-fertilizer rate can mitigate the high annual N_2O+NO fluxes from Chinese intensive greenhouse vegetable systems[J]. Atmospheric environment, 212: 183-193.

Zotarelli L, Dukes M D, Scholberg J M S, et al., 2009. Tomato nitrogen accumulation and fertilizer use efficiency on a sandy soil, as affected by nitrogen rate and irrigation scheduling[J]. Agricultural Water Management, 96(8): 1247-1258.

Zhang T Q, Liu K, Tan C S, et al., 2011. Processing tomato nitrogen utilization and soil residual nitrogen as influenced by nitrogen and phosphorus additions with drip-fertigation nutrient management and soil and plant analysis[J]. Soil Science Society of America Journal, 75(2): 738-745.

Zhang J X, Bei Z, Zhang Y, et al., 2014. Growth characteristics, water and nitrogen use efficiencies of spinach in different water and nitrogen levels[J]. SainsMalaysiana, 43(11): 1665-1671.

Zhang Y Q, Wang J D, Gong S H, et al., 2017. Nitrogen fertigation effect on photosynthesis, grain yield and water use efficiency of winter wheat[J]. Agricultural Water Management, 179:277-287.